DIANLI BEIDOU JIANSHE JI YINGYONG SHIJIAN

电力北斗建设
及应用实践

国网江苏省电力有限公司信息通信分公司　组编

中国电力出版社
CHINA ELECTRIC POWER PRESS

内 容 提 要

本书对北斗卫星导航系统的关键技术、电力领域中卫星导航业务的应用现状及电力北斗的应用、发展与测试技术进行全面阐述，旨在促进我国电力北斗系统深度应用，使读者掌握能源领域信息安全核心技术。

本书适合从事电力北斗卫星导航系统的应用、开发、测试等研究工作的专业技术人员、开发者、电力工作者以及对电力北斗感兴趣的技术人员学习阅读。

图书在版编目（CIP）数据

电力北斗建设及应用实践 / 国网江苏省电力有限公司信息通信分公司组编 . — 北京：中国电力出版社，2023.1（2023.10 重印）

ISBN 978-7-5198-7263-2

Ⅰ.①电… Ⅱ.①国… Ⅲ.①卫星导航－全球定位系统－应用－电力系统－通信设备 Ⅳ.① TM73

中国版本图书馆 CIP 数据核字 (2022) 第 221744 号

出版发行：中国电力出版社
地　　址：北京市东城区北京站西街 19 号（邮政编码 100005）
网　　址：http://www.cepp.sgcc.com.cn
责任编辑：王蔓莉
责任校对：黄　蓓　王海南
装帧设计：张俊霞
责任印制：石　雷

印　　刷：固安县铭成印刷有限公司
版　　次：2023 年 1 月第一版
印　　次：2023 年 10 月北京第二次印刷
开　　本：710 毫米 ×1000 毫米　16 开本
印　　张：10
字　　数：138 千字
印　　数：2001—2500 册
定　　价：58.00 元

　　北斗卫星导航系统是中国自主建设、独立运行的卫星导航系统。该系统着眼于国家安全和经济社会发展需要，是为全球用户提供全天候、全天时、高精度的定位、导航和授时服务的国家重要时空基础设施。近年来，国家发布多项政策推进北斗系统在各个行业的应用。电力行业积极拓展并高度关注北斗系统建设与发展，各个地区在不同的电力应用环节积极开展北斗系统的示范应用，包括电力基建、运检、营销以及调度等领域，积极引导并推进北斗卫星导航系统在电力行业应用顶层设计。同时，根据北斗卫星导航系统北斗三号的发展趋势，建设电力北斗地基增强系统，推进北斗专用终端研发、在电力应急通信中的应用、无人机巡线系统应用等。本书从原理、发展、应用案例和测试等方面进行全面阐述，旨在促进我国电力北斗系统的深度应用。

　　本书全面系统地介绍了北斗卫星导航系统的关键技术和电力领域中卫星导航业务的现状及发展。全书共分3部分，第1部分介绍了国内外导航系统发展，北斗卫星导航系统的发展历程，以及北斗卫星导航系统的功能和作用，并从电力系统的输电、配电、变电和用电侧对导航业务的需求进行分析；针对电力导航业务的需求，面向电力领域应用重点对电力北斗卫星导航系统中的关键技术原理、星地时间同步技术、卫星定位技术和北斗短报文技术进行原理性说明，并对北斗卫星导航系统在电力系统的应用进行概述。第 2 部分主要讲述电力北斗综合应用方案，包括在电力基建、运检、调度、营配贯通和应急业务场景的应用；电力北斗定位系统及在输电线路无人机智能巡检和移动智能作业终端定位的应用；北斗短报文业务及其在用电信息采集系统中的应用；北斗授时业务及在电力业务时钟同步需求、电力系统全网时间同步和数字变电站时间同步应用；在新能源电力系统中的应用，包括配网调控、负荷侧管理和新能源电源侧应用。第 3 部分主要内容为电力北斗定位服务测试验证，介绍测试开展的内容、定位精度测试、服务范围和可靠性测试、北斗系统指标体系和服务性能精度等，主要通过检测系统实时动态定位精度、定位服务范围、定位服务可靠性、后解算定位精度、定位服务响应时间和北斗服务平台性能等指标来评估整个系统的实际应用性能，并为电力北斗系统优化提供依据。

本书由吴旺东担任编委会主任并统稿，张明明作为编委会副主任参与编纂了第 2 部分。在本书的编写过程中，华北电力大学吴润泽老师提供了大量的帮助。本书的完成涉及各个方面的知识和信息，本书的整理和编写成员为此付出了大量劳动。希望本书对读者了解北斗卫星导航系统及其在电力领域中的技术应用案例和研究状况有所帮助。

由于北斗卫星导航系统的不断发展和智能电网技术的日益进步，许多关键技术和应用还在不断演进中，书中难免存在疏漏和不足之处，恳请广大专家、学者和电力工作者批评指正。

编　者

2022 年 12 月

目　录

前言

1

概　述

1.1 国内外导航系统简介

卫星导航系统是通过卫星发射无线电导航信号，提供各类用户定位、导航以及授时功能的天地一体化系统。1957 年苏联成功发射第一颗人造地球卫星，1958 年美国开始研制子午仪卫星导航系统，经过近60 年的发展，卫星导航系统已成为重要的空间基础设施。

卫星导航以卫星为空间基准点，向用户终端播发无线电信号，从而确定用户的位置、速度和时间。它不受气象条件、航行距离的限制，导航精度高。

卫星导航定位系统的建立，最初目的是用于军事。例如 1964 年投入使用的子午仪系统，就是为北极星导弹潜艇在远海中导航定位而研制的。随着冷战时代的结束以及卫星导航定位系统的发展和完善，卫星导航定位越来越向商业化发展，这也是今后卫星导航定位技术的发展特点。目前全球主要有四大卫星导航系统：

（1）全球定位系统（Global Positioning System，GPS）：由美国国防部于 1973 年开始建立，其定位精度可达 1cm 量级，是目前最成熟、应用最广泛的卫星导航系统。

（2）俄罗斯格洛纳斯卫星导航系统（Global Navigation Satellite System，GLONASS）：由苏联于 20 世纪 70 年代启动的，苏联解体后由俄罗斯继续该计划，其定位精度在 10m 左右。

（3）欧洲伽利略卫星导航定位系统：1999 年 2 月欧盟宣布要发展下一代全球导航卫星系统（Global Navigation Satellite System，GNSS），2002 年 3 月欧盟首脑会议批准了伽利略卫星导航定位系统的实施计划。

（4）中国的北斗卫星导航系统：2000 年，中国建成北斗导航试验系统，使中国成为继美国、俄罗斯之后的世界上第三个拥有自主卫星导航系统的国家。

除了上述四大卫星导航系统外，导航系统还包括区域卫星导航系统。区域卫星导航系统采取高轨的对地静止轨道（Geostationary Orbit，GEO）或倾斜地球同步轨道（Inclined GeoSynchronous Orbit，IGSO）卫星星座保证服务区域的信号覆盖。区域卫星导航系统一般具有独立定位能力和增强能力。

目前区域卫星导航系统最具代表性的有日本准天顶卫星系统（Quasi-Zenith Satellite System，QZSS）以及印度区域导航卫星系统（Indian Regional Navigation Satellite System，IRNSS）。

1.1.1　国内外导航系统

1.1.1.1　美国 GPS 系统

1. GPS 系统概述

GPS 是美国研制的早期卫星导航定位系统，可向全球用户提供连续、实时、高精度的三维位置、三维速度和时间信息。

GPS 定位系统由 GPS 卫星星座（空间部分）、地面监控系统（地面控制部分）以及 GPS 信号接收机（用户设备部分）三个部分组成，如图 1-1 所示。

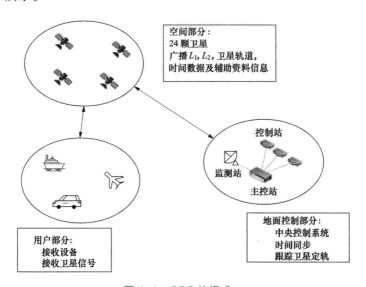

图 1-1　GPS 的组成

（1）空间部分。GPS 的空间部分由 24 颗工作卫星组成，它位于距地表 20200km 的上空，均匀分布在 6 个轨道面上（每个轨道面 4 颗），轨道倾角为 55°。此外，还有 3 颗有源备份卫星在轨运行。卫星的分布使得在全球任何地方、任何时间都可观测到 4 颗以上的卫星，并能保持良好的定位解算精度，这就保证了在时间上连续的全球导航能力。

（2）地面控制部分。地面控制部分由一个主控站、5 个全球监测站和 3 个地面控制站组成。监测站均配装有精密的铯钟和能够连续测量到所有可见卫星的接收机。监测站将取得的卫星观测数据，包括电离层和气象数据，经过初步处理后传送到主控站。主控站从各监测站收集跟踪数据，计算出卫星的轨道和时钟参数，然后将结果送到 3 个地面控制站。

（3）用户设备部分。用户设备部分即 GPS 信号接收机，其主要功能是能够捕获到按一定卫星截止角所选择的待测卫星，并跟踪这些卫星的运行。当接收机捕获到跟踪的卫星信号后，即可测量出接收天线至卫星的伪距离和距离的变化率，解调出卫星轨道参数等数据。根据这些数据，接收机中的微处理计算机就可按定位解算方法进行定位计算，计算出用户所在地理位置的经纬度、高度、速度、时间等信息。

2. GPS 的特点

（1）全球性：24 颗卫星覆盖全球。

（2）全天候：24h 使用，不受天气影响。

（3）高精度：定位精度高，可达 1cm 量级。

（4）实时性：高动态，观测时间短。

（5）连续性：运动目标的连续定位导航。

（6）多功能：导航、定位和定时，可提供三维坐标。

（7）操作简便：自动化程度高，有的已达"傻瓜化"程度，极大地减轻了测量工作者的工作紧张程度和劳动强度。

3. GPS 主要应用场景

（1）全时域的自主导航。GPS 利用接收终端向用户提供位置、时间信息，也可结合电子地图进行移动平台航迹显示、行驶线路规划和行驶时间估算，从而大大提高了部队的机动作战和快速反应能力。

（2）各种作战平台的指挥监控。GPS的导航定位和数字短报文通信基本功能可以有机结合，利用系统特殊的定位体制，将移动目标的位置信息和其他相关信息传送至指挥所，完成移动目标的动态可视化显示和指挥指令的发送，实现战区移动目标的指挥监控。

（3）精确制导和打击效果评估。GPS制导有精度高、制导方式灵活等特点，已成为精确制导武器的一种重要制导方式。另外，GPS还可以对打击目标命中率进行评估。

（4）未来单兵作战系统保障。主要利用定位和通信功能，为单兵提供位置信息和时间信息服务，同时可将单兵的位置信息实时动态传送到指挥机构，并及时向单兵发送各种指令，提高单兵作战和机动能力。

（5）军用数字通信网络授时。利用GPS可提供高精度授时，为军用通信网络提供统一的时标信息，从而使通信网络速率同步，保证通信网中的所有数字通信设备工作于同一标准频率。

1.1.1.2　俄罗斯 GLONASS 系统

1. 俄罗斯 GLONASS 系统概述

GLONASS系统是苏联在低轨卫星导航系统"蝉"的基础之上开发的全球导航系统，属于跟美国GPS系统同期开展研发、部署的全球卫星导航系统。

GLONASS系统包括空间段、地面段和用户段，其系统组成如图1-2所示。

（1）空间段。这部分由GLONASS星座组成，共包括24颗卫星，分布在三个轨道面上，升交点赤经相互间隔120°。每一个轨道面有8颗卫星，这8颗卫星彼此相距45°。相邻轨道面上卫星之间相位差为15°，卫星倾角为64.8°，在长半径为26510km的圆轨道上，轨道周期约为675.8min。

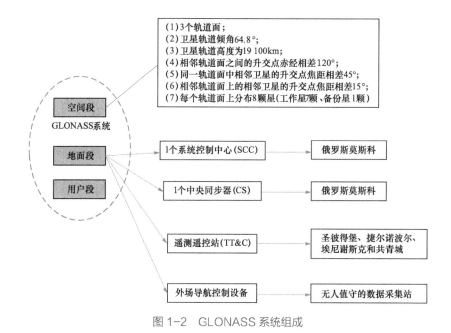

图 1-2 GLONASS 系统组成

（2）地面段。GLONASS 系统的地面部分由一个地面控制中心、四个指令测量站、四个激光测量站和一个监测网组成。

地面控制中心包括一个轨道计算中心、一个计划管理中心和一个坐标时间保障中心，主要任务是接收处理来自各指令测量站和激光测量站的数据，完成精密轨道计算，产生导航电文，提供坐标时间保障，并发送对卫星上行数据的注入和遥控指令，以实现对整个导航系统的管理和控制。

指令测量站均布设在俄罗斯境内，每站设有 C 波段无线电测量设备，跟踪测量视野内的 GLONASS 卫星，接收卫星遥测数据，并将所测得的数据送往地面控制中心进行处理。同时指令测量站将来自地面控制中心的导航电文和遥控指令发送至卫星。

四个激光测量站中有两个与指令测量站并址，另两个分别设在乌兹别克斯坦和乌克兰境内，激光测量站跟踪测量视野内的 GLONASS 卫星，并将所测得的数据送往地面控制中心进行处理，主要用于校正轨道计算模型和提供坐标时间保障。

（3）用户段。同 GPS 一样，GLONASS 是一个具有双重功能的军用 / 民用系统。所有军用和民用 GLONASS 用户构成用户段。该系统的潜在民用前景巨大，而且与 GPS 互为补充。

2. GLONASS 系统的特点

（1）GLONASS 采用频分多址体制，卫星靠频率不同来区分，每组频率的伪随机码相同。基于这个原因，GLONASS 可以防止整个卫星导航系统同时被敌方干扰，因而具有更强的抗干扰能力。另外，由于 GLONASS 卫星的轨道倾角大于 GPS 卫星的轨道倾角，所以在高纬度（50°以上）地区的可视性较好。

（2）每颗 GLONASS 卫星上装有铯原子钟以产生卫星上高稳定时标，并向所有星载设备的处理提供同步信号。星载计算机将从地面控制站接收到的专用信息进行处理，生成导航电文向用户广播。导航电文包括：①星历参数；②星钟相对于 GLONASS 时的偏移值；③时间标记；④ GLONASS 历书。

3. GLONASS 系统的主要应用场景

GLONASS 与 GPS 一样可为全球海陆空以及近地空间的各种用户连续提供全天候、高精度的三维位置、三维速度和时间信息，这样不仅为海军舰船、空军飞机、陆军坦克、装甲车、炮车等提供精确导航，也在精密导弹制导、C3I 精密敌我态势产生、部队准确的机动和配合、武器系统的精确瞄准等方面广泛应用。另外，卫星导航在大地和海洋测绘、邮电通信、地质勘探、石油开发、地震预报、地面交通管理等各种国民经济领域有越来越多的应用。

1.1.1.3　欧洲伽利略卫星导航定位系统

1. 伽利略卫星导航定位系统概述

伽利略卫星导航定位系统（简称伽利略系统）是由欧盟研制和建立的全球卫星导航定位系统，伽利略系统于 2002 年 3 月正式启动，于 2016 年 12 月宣布具备全球初始服务能力。伽利略系统的构成如图 1-3 所示。

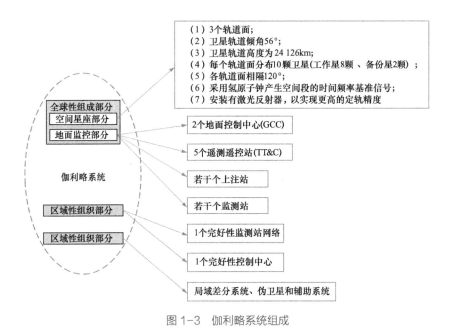

图 1-3　伽利略系统组成

伽利略系统分为空间卫星星座、地面控制、用户接收机三大部分，与 GPS、GLONASS 一样采用时间测距原理进行导航定位。

（1）空间部分。按照规划，伽利略系统由 30 颗卫星组成，其中 27 颗卫星为工作卫星，呈现对称的 Walker 结构，剩下 3 颗为候补卫星，提供在轨冗余，以便对故障卫星进行快速补充。卫星高度为 24126km，位于 3 个倾角为 56° 的轨道平面内。

（2）地面控制部分。地面控制部分包括一对导航系统控制中心，一组轨迹图谱和时间同步站组成的全球网络，一系列遥控跟踪、遥测和指令（Telemetry，Tracking，and Command，TT&C）站。一个专用的全球通信网将上述所有站网和设施互相连接在一起，所有的导航控制与星座管理任务均在导航系统控制中心的监控下执行。

2. 伽利略系统的特点

（1）基于民用。伽利略系统是世界上第一个基于民用的全球卫星导航定位系统，在 2008 年投入运行后，全球的用户使用多制式的接收机，获得更多的导航定位卫星的信号，极大地提高导航定位的精度。

（2）高可靠性。伽利略系统是欧洲独立自主研发的全球多模式卫星定位导航系统，提供高精度，高可靠性的定位服务，实现完全非军方控制、管理，可以进行覆盖全球的导航和定位功能。

（3）高精度定位。伽利略系统可以发送实时的高精度定位信息，与美国的 GPS 相比，伽利略系统更先进，也更可靠。美国 GPS 向别国提供的卫星信号，只能发现地面大约 10m 长的物体，而伽利略系统则能发现 1m 长的目标。

3. 伽利略系统的主要应用场景

伽利略系统主要用于民用领域，采用开放合作的模式，通过吸收合作伙伴来扩大市场份额。伽利略提供的服务种类远比 GPS 多，GPS 仅有标准定位服务（Standard Positioning Service，SPS）和精确定位服务（Precise Positioning Service，PPS）两种，而 Galileo 则提供五种服务，包括公开服务（Open Service，OS）、生命安全服务（Service of Life safety，SoLS）、商业服务（Commercial Service，CS）、公共特许服务（Public Permission Service，PRS）和搜救服务。以上所述的前四种是伽利略的核心服务，最后一种则是支持全球卫星搜救的服务。

伽利略的公开服务提供定位、导航和授时服务，它免费供大批量导航市场应用。商业服务是对公开服务的一种增值服务，以获取商业回报，它具备加密导航数据的鉴别功能，为测距和授时专业应用提供有保证的服务承诺。生命安全服务，它可以同国际民航组织（International Civil Aviation Organization，ICAO）标准和推荐条款（Standards and recommendations，SARs）中的"垂直制导方法"相比拟，并提供完好性信息。公共特许服务是为欧洲 / 国家安全应用专门设置的，是特许的、关键的应用，其卫星信号更为可靠耐用，受成员国控制。伽利略提供的公开服务定位精度通常有 15~20m（单频）和 5～10m（双频）两种。公开特许服务有局域增强时能达到 1m，商用服务有局域增强时为 10cm~1m。

1.1.1.4 北斗卫星导航系统

1. 北斗卫星系统概述

中国北斗卫星导航系统（BeiDou Navigation Satellite System，BDS）是中国自行研制的具有自主知识产权、自主控制的全球卫星定位与通信系统，是继美国全球卫星定位系统和俄罗斯全球卫星导航系统（GLONASS）之后第三个成熟的卫星导航系统。系统由空间端、地面端和用户端组成，可在全球范围内全天候和全天时为各类用户提供高精度和高可靠的定位、导航、授时服务，并具短报文通信能力，已经初步具备区域导航、定位和授时能力，定位精度优于20m，授时精度优于100ns。北斗导航卫星系统组成如图1-4所示。

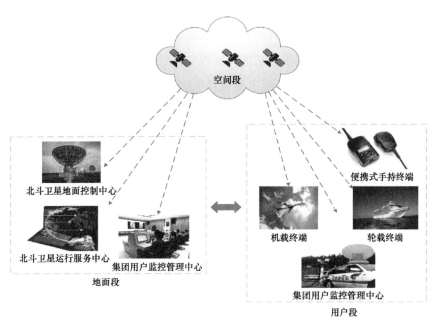

图1-4 北斗导航卫星系统组成

北斗系统由空间段、地面段和用户段三部分组成。

（1）北斗系统空间段由若干地球静止轨道卫星、倾斜地球同步轨道卫星和中圆地球轨道卫星等组成。

（2）北斗系统地面段包括主控站、时间同步 / 注入站和监测站等若干地面站，以及星间链路运行管理设施。

（3）北斗系统用户段包括北斗兼容其他卫星导航系统的芯片、模块、天线等基础产品，以及终端产品、应用系统与应用服务等。

2. 北斗导航卫星的特点

（1）与国外的导航定位系统相比可快速定位：可为服务区域内用户提供全天候、高精度、快速实时定位服务，定位精度20~100m。

（2）短报文通信：用户终端具有双向报文通信功能，可以一次传送超过100个汉字的短报文信息。

（3）精密授时：具有单向和双向两种授时功能，可向用户提供20ms~100ns时间同步精度。

3. 北斗卫星导航系统主要应用场景

（1）电力。电力传输时间同步涉及国家经济民生安全，电力管理部门通过使用北斗系统的授时功能，实现电力全网时间基准统一，保障电网安全稳定运行。电力应用主要包括电网时间基准统一、电站环境监测、电力车辆监控等应用，其中电网时间基准统一等迫切需要高精度北斗服务。

（2）交通。交通应用主要包括：①陆地应用，如车辆自主导航、车辆跟踪监控、车辆智能信息系统、车联网应用、铁路运营监控等；②航海应用，如远洋运输、内河航运、船舶停泊与入坞等；③航空应用，如航路导航、机场场面监控、精密进近等。随着交通的发展，高精度应用需求加速释放。

（3）大众应用。大众应用主要包括手机应用、车载导航设备、可穿戴设备等应用，通过与信息通信、物联网、云计算等技术深度融合，实现众多的位置服务功能。

（4）军事。北斗导航系统的优势主要体现在部队的指挥管制方面，可以通过北斗卫星将信息传输给领导干部，借此帮助领导干部向下属发送指令，提高其调度工作的效率以及质量。通过将北斗导航技术应用到各级部队当中，不仅能够实现自身导航，同时能够实现对数据的高质量传输，提高任务的完成效率以及完成质量。总而言之，通过北斗导航技术能够对部队执行任务进行指挥，对战场进行实时监督管理。

1.1.2 卫星导航系统功能与作用

1.1.2.1 服务功能

卫星导航系统的基本功能是空间位置基准和时间基准的建立、维持和传递，为用户提供定位、导航、授时服务。高精度的测量技术、高连续性的信息处理技术、高稳定的通道传输技术、高功率的发射技术、高可靠的可用性和完好性技术是卫星导航技术的显著技术特点。

空间位置基准和时间基准的建立和维持是构建卫星导航系统、实现卫星导航服务的基础前提，通过定义统一的空间基准和时间基准，精确描述导航卫星和用户（即导航接收机）状态（包括位置坐标和时间状态参数）。

空间基准通常选择与地球固连的地心地固（Earth Centered Earth Fixed，ECEF）坐标系，时间基准通常选择可溯源至协调世界时（Coordinate Universal Time，UTC）的卫星导航时间系统。

空间基准和时间基准的传递是卫星导航系统提供服务、用户实现定位导航授时功能的过程，包括：①导航卫星获取并播发其在空间基准框架中的坐标以及导航卫星星上时间与系统时间（即时间基准框架）的偏差，这一过程是持续进行的；②用户接收机获取与导航卫星之间的距离和导航电文信息，解算出自身在空间基准和时间基准中的位置、姿态、坐标和时间信息，这一过程由用户接收机根据需要自主决定连续运行或间断运行。

定位服务是利用测量信息确定用户位置。通过卫星导航系统实现定位服务是指用户接收卫星无线电导航信号，自主完成多颗卫星的距离测量，计算出各颗卫星与用户接收机之间的伪距和载波相位，并通过导航电文的星历信息（包括时间信息）计算出卫星发射时刻的空间位置，根据这些信息计算出用户接收机位置。卫星导航系统定位的基本原理是三球交会原理，以导航卫星为球心、卫星与用户的距离为半径，三个这样的球体交会点有两个，其中一个点就是用户位置（另一个点通过地理常识可剔除）。

导航服务是引导（规划、记录和控制）各种运动载体（飞机、船舶、车辆等）和人员从一个位置点到另一个位置点。通过卫星导航系统实现导航服务，包含一系列的定位过程，并结合与目标位置的距离测量，引导各种运动载体（飞机、船舶、车辆等）和人员从当前位置到目标位置。卫星导航系统导航的基本原理是利用无线电信号的多普勒频移测量和用户接收机伪距测量，解算出用户的运动速度和位置。

授时服务是用广播的方式传递标准时间。通过卫星导航系统实现授时服务，是根据卫星电文信号中的周计数、周内秒、伪距时延、卫星钟差信息和定位解算中的用户钟差结合，传递全球卫星导航系统（GNSS）标准时间的过程，GNSS 时间可以转换为 UTC 时间。卫星导航系统的授时原理是伪距时差等效原理，精确测量导航信号从卫星传播至用户接收机的伪距，在此基础上扣除卫星与接收机间的几何距离和设备时延后得到的就是接收机与导航卫星时间的偏差。

此外，卫星导航系统围绕空间位置和时间信息，通过配置相应的测量、探测、传输、处理设备，可提供搜索救援、核爆探测、短报文与位置报告等拓展服务。

1.1.2.2　基本作用

（1）卫星导航提供的定位、导航、授时功能，实现了地面、海面、航空、低轨航天用户的时间基准和空间基准的建立与维持，起到统一时空基准下获取用户自身时间信息和位置信息服务的重要作用。卫星导航技术具有覆盖范围广、实时性高、精度高、全天时全天候工作等特点，普遍应用于地理数据采集、测绘、交通运输监控调度、航空航海、国防建设、精确打击、通信、电力、金融和大众消费休闲娱乐等领域。

（2）地理数据采集是 GNSS 最基本的专业应用，可在一定的区域范围内确定其航点、航线和航迹，可确定国土、矿产、环境调查等需要的采样点位信息，铁路、公路、电力、石油、水利等需要的管线位置信息，房地产、资产和设备巡检需要的面积和航迹位置信息等，卫星导航技术在人们的生产建设中发挥着定位的作用。

（3）测绘领域的技术革新来自 GNSS 的广泛应用，目前在大地测量、资源勘查、地壳形变监测、地籍测量、工程测量、海洋测量和海洋工程等领域普遍使用基于 GNSS 技术的设备设施。与传统的测绘手段相比，卫星导航技术发挥了测量精度高、全天候作业、覆盖范围广、设备操作简便、体积小、易携带等显著优势。

（4）交通运输监控调度系统通过 GNSS 定位技术，利用通信信道，将移动车辆的位置数据传送到监控中心，实现地理信息系统（Geographic Information System，GIS）的图形化监视、查询、分析功能，对车辆进行调度和管理。卫星导航技术在交通运输监控调度应用中起到为车辆实时定位和测速的导航作用。

（5）国际民航组织为满足日益增长的空中运输量的需求，适应新型飞机航程的扩展与航速的提高，克服陆基空中交通管理系统的局限性，决定实施基于卫星导航、卫星通信和数据通信技术的新航行系统。卫星导航技术在空中航行交通管理系统、空中监控系统中为飞行器定位、测速和完好性信息广播发挥着高动态实时的重要作用。

（6）海洋和河道运输是当今世界最广泛应用的运输方式，卫星导航技术的应用，有效地解决了最小航行交通冲突，利用日益拥挤的航路保证了航行安全，提高了交通运输效益。卫星导航技术起着为运行船只提供全天候定位的作用。

（7）在国防建设、精确打击、公安消防和野外搜救方面，卫星导航的主要作用是为车、船、飞机等机动工具提供导航定位信息，为精确制导武器进行精确制导，为野战或机动部队提供定位服务，为救援人员指引方向等。

（8）无线通信网络中基站之间、电力系统、金融系统对时间同步有着严格的要求，GNSS 可以方便地实现不同通信网、电力网和金融系统的时间同步，发挥着广域高精度授时作用。

（9）娱乐活动、人 / 动物跟踪、车辆跟踪、车载导航系统及通信应用是大众消费应用。在登山、野外探险、越野滑雪、汽车拉力赛、自驾旅游、穿越沙漠等活动中，带有 GNSS 终端的可穿戴设备已成为户外娱乐的必选装备，GNSS 模块与多媒体娱乐单元相结合形成的娱乐平台可以提供基于位置的丰富的游戏体验，卫星导航技术发挥着定位导航和时间服务的作用。

1.1.3　卫星导航的工作制式

1.1.3.1　测量体制

卫星导航测量信息数据的获取是实现无线电导航服务的首要环节。卫星导航用户通过接收测量卫星导航系统播发的无线电信号获取导航定位所需的信息数据，主要包括测距、测向、测速或多个源之间的时间差等。

卫星导航系统中采用的测距技术是利用无线电在介质中传播速度已知的特性，通过测量记录该信号发射时刻与信号接收时刻之间所消耗的时间，获得距离测量值。卫星导航系统中采用的测向技术是利用不同位置处的多个接收天线，通过测量无线电信号到达不同天线的时延差，结合天线间的基线信息，实现对无线电信号到达方向的测量。卫星导航系统中采用的测速技术一般是通过无线电信号多普勒频移测量而间接得到的，它利用导航卫星和导航用户接收机之间距离的变化信息，反映该信号频率上的差异特性，通过距离信息数据的差分或载波相位的差分计算得到。

目前，卫星导航系统中采用的测量体制是多普勒测速体制和时间测距体制（包括伪距测距和载波相位测距）。多普勒测速技术是利用用户接收机测量卫星下发的导航信号频率值，与预知的星上发射信号频率进行比较，得到该信号频率的多普勒频移，从而计算出卫星在不同时刻的两个位置到用户的距离差；再根据卫星发送的卫星轨道参数，计算出用户的位置坐标。时间测距技术是利用信号伪码或载波相位测量技术，完成卫星至用户、用户至卫星的时延测量，根据光传输公式：光速 = 距离/时间，计算出卫星到用户位置的距离差。通过用户与多颗卫星的测量值，最后计算出用户的位置坐标。

1.1.3.2　定位体制

定位体制的选择建立在测量体制的基础上，理论上对于一维定位问题是单个未知坐标值的求解，采用单个伪距测量量即可求解；对于二维定位问题，定位是两个未知坐标值的求解，需要采用两个伪距测量量进行求解；对于三维定位问题，定位是三个未知坐标值的求解，需要采用三个伪距测量量进行求解。

对于全球卫星导航系统来说，利用一颗卫星，可以测出用户与该卫星作为基准信标发射源之间的伪距，这样在空间中就形成了一个球。

现以二维平面上的情况为例，从一个二维绝对时延定位问题入手，给出二维测量绝对时延定位的基本原理的直观概念，基于同步单向时延测量的二维用户定位原理如图 1-5 所示，图中实心五角星代表用户真实位置，空心五角星代表用户位置的镜像模糊点。

假设三个无线电信标发射源之间进行了时间同步，其位置分别位于 O_1、O_2 和 O_3，其以固定的重复间隔向外发射无线电信号。三个无线电信标发射源发射的无线电信号被用户接收，接收机的三个通道分别与发射信号实现时间同步，用户测量时间起点为发射信号的重复周期的起始沿。根据小于一个发射信号重复周期内的时间延迟，可测量出用户相对于 O_1、O_2 和 O_3 的三个距离 R_1、R_2 和 R_3。

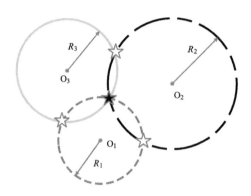

图 1-5 基于同步单向时延测量的二维用户定位原理

对于图 1-5，就用户接收单个发射站的信号而言，从几何上对位于 O_1 的无线电发射源而言，用户测得距其 R_1 长度的点轨迹是以 O_1 为圆心，R_1 为半径的圆，用户可能位于半径为 R_1 的圆上任意一点。

当用户同时接收处理两个发射站的信号时，以接收 O_1 和 O_2 发射站信号为例，用户可能位于以 O_1 为圆心、半径为 R_1 的圆与以 O_2 为圆心、半径为 R_2 的圆的交点上。此时，两个圆一般有两个交点，用户位于其中一个交点上，另一个交点是用户位置的模糊镜像点。目标在两个交点中的一个点上，故存在模糊。

如果测量三个伪距，就形成了三个圆，二维空间中三个圆可以两两确定两个点，三个圆的公共交点就是用户位置，以上是三球测量的基本原理。为了获取用户的真实位置，有两种处理方式：第一种是通过三个圆的交点实现解模糊，即通过增加一个发射站的观测量，形成第三个圆形等位置线，目标的位置位于三个圆的公共交点上；第二种是提供用户位置的先验信息以实现解模糊，即定位之前通过其他方式获得用户的粗略位置，将该位置与定位解算结果比对，实现对用户位置的无模糊估计。

1.1.3.3 多址体制

卫星导航系统包含多颗卫星，用户需同时接收四颗以上卫星的导航信号才能实现定位导航授时功能，来自不同卫星播发的信号需要通过多址体制加以区分。

目前卫星导航系统的多址体制主要包括四种多址体制：时分多址、频分多址、码分多址以及空分多址。多址体制不仅可降低系统内干扰，还起到识别卫星的作用。四种多址体制各有优缺点，如表 1-1 所示。四种多址体制对比如图 1-6 所示。

表 1-1　四种多址体制

多址体制	优点	缺点
时分多址	①无互调干扰、频带利用率高； ②无远近效应	①需要时间同步； ②信号不连续
频分多址	①技术成熟； ②不需时间同步； ③无远近效应； ④抗窄带干扰能力强	①有互调干扰； ②频谱利用率低； ③难以扩容
码分多址	①信号连续； ②抗干扰、低截获能力强； ③测量精度高，便于扩容	①扩频码同步捕获对硬件要求高，功率控制要求严格； ②有远近效应问题
空分多址	①多径时延扩展小； ②功率衰落低； ③频谱利用率高	发射接收技术复杂

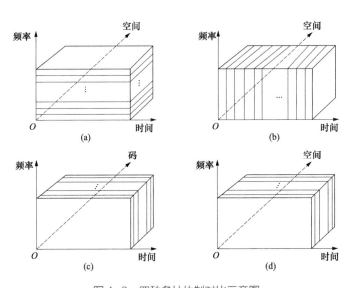

图 1-6　四种多址体制对比示意图

（a）频分多址；（b）时分多址；（c）码分多址；（d）空分多址

1.2 北斗卫星导航系统

北斗卫星导航系统（以下简称北斗系统）是中国着眼于国家安全和经济社会发展需要，自主建设、独立运行的卫星导航系统，是为全球用户提供全天候、全天时、高精度的定位、导航和授时服务的国家重要空间基础设施。20 世纪末，中国开始探索适合国情的卫星导航系统发展道路，逐步形成了"三步走"发展战略：

第一步，建成北斗一号系统，向中国提供服务。

第二步，建成北斗二号系统，向亚太地区提供服务。

第三步，建成北斗三号系统，向全球提供服务。

1.2.1 北斗导航卫星发展历程

1.2.1.1 北斗一号卫星

北斗一号卫星导航试验系统（也称"双星定位导航系统"）为中国"九五"计划列项，工程代号取名为北斗一号，其方案于 1983 年提出。2003 年 5 月 25 日 0 时 34 分，中国在西昌卫星发射中心用"长征三号甲"运载火箭成功地将第三颗北斗一号卫星送入太空。前两颗卫星分别于 2000 年 10 月 31 日和 12 月 21 日发射升空运行，至今导航定位系统工作稳定，状态良好。该次发射的是导航定位系统的备份星，它与前两颗"北斗一号"工作星组成了完整的卫星导航定位系统，确保全天候、全天时提供卫星导航信息。这标志着中国成为继美国和俄罗斯后，第三个建立了完善的卫星导航系统的国家，该系统的建立对中国国防和经济建设将起到积极作用；2007 年 2 月 3 日北斗一号第四颗卫是发射成功，该卫星不仅作为早期 3 颗卫星的备份，同时还将进行北斗卫星导航定位系统的相关试验。自此北斗一号已有 4 颗卫星在太空遨游组成了完整的卫星导航定位系统，确保全天候、全天时提供卫星导航资讯。

北斗一号是利用地球同步卫星为用户提供快速定位、简短数字报文通信和授时服务的一种全天候、区域性的卫星定位系统。北斗一号具有卫星数量少、投资小、用户设备简单，价格低等优势，能实现一定区域的导航定位通信等多用途，可满足当前中国陆、海、空运输导航定位的需求。

北斗一号是双向测距有源导航系统（北斗卫星导航试验系统），利用位于地球静止轨道上的 2 颗 GEO 卫星和地面运控站，实现无线电测定业务服务，为服务区域内用户提供定位、授时和位置报告 / 短报文通信服务。RDSS 服务是通过卫星，由用户以外的地面运控系统完成用户定位所需的无线电导航参数的确定和位置计算，再通过卫星转发通知用户，完成用户的定位、授时。由于 RDSS 体制提供的卫星导航信号需要用户提出申请、发射信号至卫星才能完成导航定位，因此也有人称其为有源卫星导航定位体制。

1994 年 1 月，国家批准了"双星导航定位系统"立项报告，并将其命名为北斗一号，开始了中国导航定位卫星的研制历程。经过几年的努力，2000 年 10 月 31 日，第一颗北斗一号卫星发射成功；2000 年 12 月 21 日，第二颗北斗一号卫星入轨；2003 年 5 月 25 日，第三颗北斗一号卫星发射，作为北斗一号卫星导航系统的备份星。北斗一号卫星发射后，卫星系统与地面运控系统等开展了大量的联试工作，对系统时间、系统坐标、信息流程等进行了试验验证，2003 年 12 月 15 日系统正式开通运行，在国际上首次实现了利用 GEO 卫星和 RDSS 原理完成卫星定位授时服务，使中国成为世界上第三个利用卫星系统提供定位导航授时服务的国家，是中国卫星导航定位系统的第一个里程碑。

1.2.1.2 北斗二号卫星

受规模和体制限制北斗一号用户需通过卫星向地面中心提出申请才能定位。定位精度偏低，只能为时速低于 1000km 的用户提供定位服务，用户数量受限。为满足我国军民用户对无源导航定位的需求。2004

年8月国务院、中央军委批准建设第二代卫星导航系统，命名为北斗二号卫星导航系统，简称北斗二号系统。北斗二号系统建设分两步实施：第一期工程的目标是建设能向全球扩展的区域卫星导航系统，并在重点地区具有报文通信能力。北斗二号卫星工程现已完成研制建设并投入使用。第二期是建设能覆盖全球范围的卫星导航系统。

为更好地服务于国家建设与发展，满足全球应用需求，在第一代导航卫星系统的基础上，中国启动实施了北斗二代卫星导航系统建设。系统建设目标是：建成独立自主、开放兼容、技术先进、稳定可靠的覆盖全球的北斗卫星导航系统，促进卫星导航产业链形成，形成完善的国家卫星导航应用产业支撑、推广和保障体系，推动卫星导航在国民经济社会各行业的广泛应用。

北斗二号卫星导航系统由空间段、地面段和用户段三部分组成，空间段包括5颗静止轨道卫星和30颗非静止轨道卫星，地面段包括主控站、注入站和监测站等若干个地面站，用户段包括北斗用户终端以及与其他卫星导航系统兼容的终端。

北斗二号卫星导航系统空间段由5颗静止轨道卫星和30颗非静止轨道卫星组成，提供开放服务和授权服务两种服务方式。开放服务是在服务区免费提供定位、测速和授时服务，定位精度为10m，授时精度为50ns，测速精度0.2m/s。授权服务是向授权用户提供更安全的定位、测速、授时和通信服务以及系统完好性信息。

2010年8月1日，中国在西昌卫星发射中心用"长征三号甲"运载火箭，将第5颗北斗导航卫星成功送入太空预定转移轨道，这是一颗倾斜地球同步轨道卫星。目前，中国已成功发射5颗北斗二代导航卫星，将在系统组网和试验基础上，逐步扩展为全球卫星导航系统。

北斗二号卫星导航系统是中国独立开发的全球卫星导航系统，从2007年开始正式建设。北斗二号并不是北斗一号的简单延伸，它将克服北斗一号系统存在的缺点提供海、陆、空全方位全球导航定位服务。

北斗二号全球卫星定位系统无论是导航方式还是覆盖范围上都和美

国的 GPS 非常类似，而且有着 GPS 和 GLONASS 系统无法比拟的独特优势。北斗二号系统主要有三大特征：①快速定位，为服务区域内的用户提供全天候实时定位服务；②定位精度与 GPS 民用定位精度相当短报文通信，一次可传送多达 120 个汉字的信息；③精密授时精度达 20ns。

2012 年底北斗二号正式运行，由 14 颗卫星组成：① 5 颗静止轨道卫星（GEO），其轨道高度为 35786km，卫星定点位置为东经 58.75°，80°，110.5°，140°，160°；② 5 颗倾斜地球同步轨道卫星（IGSO），轨道高度为 35786km，分布在 2 个轨道面上，轨道倾角 55°，一个轨道上有 2 颗星，另一个轨道上有 3 颗星；③ 4 颗中圆轨道卫星（MEO），轨道倾角 55°，卫星运行在 2 个轨道面上，每个轨道面上有 2 颗星，轨道面之间相隔 120°，轨道高度为 21528km。

1.2.1.3 北斗三号卫星

北斗三号全球卫星导航系统于 2009 年启动，2015 年发射新一代的北斗导航卫星试验星，完成了北斗三号系统新体制、新技术、关键技术和国产化产品等试验验证。

北斗三号全球卫星导航系统是在北斗二号区域卫星导航系统基础上，利用 3GEO+3IGSO+24MEO 卫星组成的混合星座，通过导航信号体制改进，提高星载原子钟性能和测量精度，建立星间链路等技术，实现全球服务、性能提高、业务稳定和与国际上其他 GNSS 系统兼容互操作等目标。同时，它还保证了北斗二号特色服务和区域系统的平稳过渡。

北斗三号全球系统将在全球范围内提供连续稳定可靠的 RNSS 服务，为中国及周边地区提供 RDSS、位置报告 / 短报文通信、星基增强、功率增强等特色业务服务。在全球范围内定位精度将满足水平优于 4m、高程优于 6m 的要求。

北斗三号导航卫星下行导航信号在继承和保留部分北斗二号系统导

航信号分量的基础上，采用了以信号频谱分离、导频与数据正交为主要特征的新型导航信号体制设计，设计优化调整信号分量功率配比，提高下行信号等效全向辐射功率（EIRP）值，实现了信号抗干扰能力、测距精度等性能的显著提升，改善了导航信号的性能，并且提高了导航信号的利用效率和兼容性、互操作性。同时，卫星系统具备下行导航信号体制重构能力，可根据未来发展和技术进步需要进行进一步升级改造。

北斗三号系统既保留有北斗二号区域系统 B1、B3 采用的 QPSK 调制信号，同时在全球服务范围内新增了 B1C 公开信号，并对 B2 信号进行了升级，采用新设计的 B2a 信号替代原 B2I 信号，实现了信号性能的提升。

B1C 信号是北斗三号卫星新增的公开服务信号，具有与 GPS/Galileo 互操作能力，位于 B1 频点（157542MHz），适用于民用单频用户，包括导频和数据 2 个信号分量。其中，导频分量采用 QMBOC（6、1.4/33）调制方式，不传递数据信息，仅用于测距导航，具有更强的抗干扰捕获跟踪特性，有利于改善用户在弱信号和干扰条件下使用体验；数据分量采用 BOC（1、1）调制方式，具有 50bit/s 的信息速率，基本电文信息和完好性信息调制在数据分量上以 B-CNAV1 电文格式面向用户播发，符号速率为 100 符号 /s，播发周期为 18s。

北斗三号全球卫星导航系统为了保持位置和时间基准的精度，需要地面站不间断地对在轨卫星进行精密定轨和时间同步。由于中国在海外建站存在一些限制及不确定因素，国内测量观测站对导航星座中的卫星测量观测弧段无法实现连续、均匀和不间断的测量要求，MEO 轨道的卫星测量观测弧段有时只能达到 1/3。

北斗三号系统建立了稳定可靠的星间链路，通过星间链路相互测距和校时，实现多星测量，增加观测量，改善卫星在轨自主定轨的几何观测结构。利用星间测量信息自主计算并修正卫星的轨道位置和时钟系统，实现星星地联合精密定轨，支持提高卫星定轨和时间同步的精度，提高整个系统的定位和服务精度。通过星间和星地链路，实现对境外卫星的监测、注入等功能，实现对境外卫星"一站式测控"的测控管理。

北斗三号星间链路主要包括相控阵天线、收发信机及相应网络协议等控制管理软件。星间收发信机采用时分双工体制，接收和发射采用相同的中心频点。相控阵天线为收发共用天线，发射和接收同频分时工作，根据接收的收发信机分时收发控制信号和指向角度输入值，完成星间测量信号和传输数据的分时收发以及信号波束扫描，具备在轨幅相校正和时延校正功能。星间收发信机接收天线信号，利用其测距支路完成星间伪距测量；根据链路星间拓扑关系和既定时隙表，利用其数传支路进行星间信息转发。星间链路网络采用时分多址（TDMA）的通信方式，通过网络协议等控制管理软件，建立测量与通信网络的拓扑结构和数据路由控制。网络协议、路由控制、信息处理、测量通信等控制管理软件具备在轨重构能力。在地面站不支持的情况下，北斗三号系统将实现60天自主导航服务功能，定位精度可达15m。

北斗三号卫星采用交互支持的信息融合技术，卫星在轨正常工作运行时采用S频点实现星地测控，L频点实现星地双星时间比对及RNSS业务的上行注入运行控制管理，Ka频点实现星间测距及通信。经过对整星信息流梳理分析，采用星上信息数据融合设计，打通了功能相对独立链路之间的信息通道，通过网络协议约定，实现了卫星SL、Ka频点之间的信息数据交互备份，拓展了卫星的上行能力，提高了系统可靠性。

对于L运控上行链路和S星地测控链路之间的信息通道，北斗三号卫星可自动识别S/L互备信息，并按照上注信息要求实现对L和S上注信息的正确分发使用，增加了上行注入的备份信息通道；对于Ka上注通道，通过将卫星和地面站作为统一的建链目标进行统一规划设计，实现星间和星地信息的互传，可作为S和L频点的应急上注通道使用。同时，在信息帧格式设计时也充分考虑了Ka频点和S/L频段的信息格式统一性，减少了复杂的格式转换。

2017年11月5日，由中国空间技术研究院研制的北斗三号首批组网 MEO 卫星以"一箭双星"方式在西昌卫星发射中心发射升空。2 颗卫星成功入轨，标志着中国北斗卫星导航系统建设工程开始由北斗二号系统向北斗三号系统升级，北斗三号卫星组网建设迈出了坚实的第一步，北斗卫星导航系统工程进入了新时代。

北斗三号系统将按照国家"一带一路"、战略性新兴产业规划、信息化发展战略纲要、"中国制造 2025"等国家政策规划，2018 年率先在"一带一路"区域提供导航定位授时服务，2020 年完成以"3GEO+3IGSO+24MEO"混合星座、地面系统、应用工程为核心的工程建设目标，实现北斗与其他行业领域的融合发展。

1.2.2　北斗导航卫星组成

北斗导航卫星系统结构如图 1-7 所示。

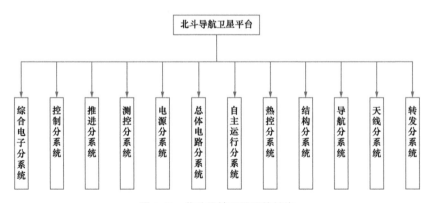

图 1-7　北斗导航卫星系统结构

综合电子分系统采用集成化设计，通过 1553B 总线构建信息网络，使用一台集成化的计算机完成姿态控制、轨道控制和星务管理任务，并整合了整星的遥测、遥控、配电、热控、火工品管理、能源管理、自主导航计算、星间路由、天线指向计算、自主健康管理等功能。综合电子分系统由中心管理单元、数据处理与路由单元及综合业务单元等组成。

控制分系统完成卫星自星箭分离至工作轨道段的姿态控制和轨道控制任务，克服卫星自身以及空间环境干扰力矩的影响，满足各阶段卫星姿态和轨道控制精度要求。同时，要最大限度地减少卫星在轨运行时可能引起卫星观测量突变的轨道位置变化，保证卫星姿态和轨道位置的连续与平稳，减少导航卫星服务的计划中断次数。控制分系统的控制逻辑功能及控制综合业务单元均集成至综合电子分系统。控制分系统由反作用轮、磁力矩器、太阳帆板驱动结构（SADA）、二浮陀螺、光纤陀螺、地球敏感器、太阳敏感器、星敏感器等组成。

推进分系统完成星箭分离后轨道转移段和在轨工作轨道段卫星的姿态和位置控制所需的推力执行功能。北斗三号 GEO 和 IGSO 卫星产品技术状态继承 DFH-3、DFH-4 平台的成熟技术，采用双组元统一推进系统。分系统配置 1 台 490N 发动机、20 台 10N 推力器组件、2 个推进剂贮箱、3 个高压氦气瓶、若干推进剂供应控制阀门、系统氦气供应控制阀门、传感器和推进线路等模块，其中推进线路模块包含于综合电子分系统 ISU-C 中。

MEO 卫星推进分系统为液体单组元推进系统，采用落压工作模式，贮箱携带一定量的氦气作为推进剂的挤压气体，由 1 个推进剂贮箱、12 台 5N 推力器组件、加排阀、压力传感器以及管路连接件等组成。

测控分系统采用 S 测控频段、非相干扩频测控体制、测量数传一体化测控体制。其中，非相干扩频测控体制、测量数传一体化测控体制提供遥测、遥控、测距、测速等完整的测控功能。

电源分系统 GEO 和 IGSO 卫星电源分系统采用全调节单母线体制，为整星提供 100V 的高品质一次母线电压；同时采用三结砷化镓太阳电池阵、锂离子蓄电池，电源控制器（PCU）集成 S3R 分流调节、蓄电池充放电调节功能，并实现能源自主管理功能，同时具备锂离子蓄电池均衡管理、旁路（Bypass）组件安全开关等措施。MEO 卫星电源分系统由三结砷化镓太阳电池阵、锂离子蓄电池组、电源控制器、蓄电池均衡管理器和蓄电池组连接继电器盒等组成，采用全调节单母线体制，为整星提供 42V 的高品质一次母线电压。

总体电路分系统由火工品管理模块、配电模块、低频电缆网、母线转换适配器和氢钟适配器组成。火工品管理模块、配电模块集成在综合电子的综合业务单元中，分别实现火工品的起爆管理和一次配电；低频电缆网实现整星所有低频信号、功率的传输和接地；GEO/IGSO 母线转换适配器和氢钟适配器为相应设备进行供电电压转换和功率分配。

自主运行分系统通过星座内卫星之间建立的星间链路，增加星间和星地的观测量，提高平时定轨精度，提高卫星星历钟差信息的更新频度，提高境外卫星的测控管理能力，改善和维持系统的导航定位性能。自主运行分系统采用相控阵天线技术，配置自主导航、星间路由、天线指向计算等软件实现导航星座的自主运行。

统热控分系统的任务是确保卫星在发射主动段、转移轨道阶段以及卫星在轨飞行阶段等正常工况中，星上所有仪器、设备以及星体本身构件的温度都处在要求的范围之内。热控分系统主要由热控涂层、多层隔热组件、热管、温度传感器、电加热器、导热填料、扩热板等组成；同时，它通过综合电子分系统提高自主管理能力。GEO 卫星载荷舱热控采用了南北热管耦合技术，提高了载荷舱散热能力，满足了 GEO 卫星有效载荷的散热需求。

结构分系统承受和传递运载火箭起飞与飞行过程中和地面操作时产生的各种外力作用。结构分系统在整个卫星寿命期间（制造、储存、运输、吊装、测试、发射、在轨运行）需保持卫星的完整性，满足星体的刚度、强度和热防护要求：支撑星体及星上设备，满足仪器设备的安装位置、安装精度的要求，保证星上展开部件的解锁、展开和锁定所需要的结构环境。

导航分系统主要完成对地面系统上行注入信号的接收和精密测距，注入信息的恢复，对注入信息进行处理，并以卫星本地时间为基准形成下行导航广播信号；导航分系统产生卫星本地的基准频率和基准时间，并通过星地双向比对实现时间校准，利用专门的监测单元模块监测导航信号质量和原子钟，星上的软件具有在轨可编程重构功能，具有根据测控链路和星间链路信息生成导航信号的功能，具备差分完好性增强功能。导航分系统主要由时频子系统、导航任务子系统、上行注入子系统、导航信号播发子系统组成。北斗三号卫星导航分系统采用了更高稳定度、更小漂移率的星载铷原子钟和星载氢原子钟，实现了卫星时频基准性能指标的大幅提高，同时星载时频系统增加了卫星钟完好性监测与卫星钟自主平稳切换等功能，使多个原子钟保持同步。当主工作钟出现故障后，卫星能够自主诊断并平稳切换，保证时频信号的连续性，极大提高了导航服务的可靠性与完好性。

天线分系统接收 L 频段上行注入信号，送至导航分系统；接收导航分系统 B1、B2、B3 信号，实现 L 频段下行导航信号的播发等功能；GEO 卫星天线分系统还具有接收用户入站 L 频段信号，发射出站 S 频段信号给地面用户，提供 RDSS 服务；接收 C 上行信号、播发 C 下行信号，完成站间时间同步与通信功能。完成进行 RDSS 载荷与中心控制站之间通信、短报文通信等功能。

转发分系统包括固定波束转发器、可动点波束转发器、站间时间同步与通信载荷转发器（C/C），分别用于固定波束信号、可动点波束信号和 C/C 信号的转发。固定波束转发器用于转发有源定位服务 RDSS 入站和出站信号，主要满足中国国土及周边地区的 RDSS 需求，以实现用户定位和报文通信等功能。可动点波束出站和入站转发器采用透明方式实现入站和出站信号转发，为固定点波束无法覆盖的用户提供短报文通信、广义 RDSS 等服务。

1.3 电力导航业务的需求分析

智能电网以坚强网架为基础，以信息通信平台为支撑，需要集成各种先进传感技术、信息通信技术和自动控制技术才能具备高度信息化、

1
概
述

自动化、互动化特征，是能源互联网发展的重要基础。建成安全可靠、开放兼容、双向互动、高效经济、清洁环保的智能电网体系，实现清洁能源的充分消纳、提升输配电网络的柔性控制能力、满足并引导用户多元化负荷需求是智能电网的发展目标。随着大规模新能源的并网以及分布式新能源的接入，电网结构变得越发复杂，新能源出力的不确定性也给电力系统的安全监测和稳定运行带来了一定的困难。电力系统对于可观性和可控性的需求也愈发突出。在此背景下，BDS 技术对电力业务需求的发展起着非常重要的作用。

1.3.1 电力输电对北斗导航的需求

随着新能源发电技术的发展，以风电、光伏为代表的小型分布式电站的数量越来越多。现有的电力通信以载波通信、光纤通信和通用分组无线服务（General Packet Radio Service，GPRS）/码分多址（Code Division Multiple Access，CDMA）为主要方式。大型发电厂、变电站以及中低压配网自动化系统基本上都采用现有的通信技术。但是针对小水电、分布式光伏电站等电源点，通信网络大多数都不是很健全，加之地理位置偏远，大多数都不具备电力系统常规通信条件。因此，在发电方面，可以利用北斗通信功能，在偏远无公网信号覆盖的区域内实现对小水电、光伏电站、风电场的实时数据采集。

此外，北斗导航系统还可以为发电厂及二次设备提供直接或间接授时。利用北斗定位功能，可对水电站坝体位移进行精确监测，对海上风电场进行定位，帮助太阳能发电实现"追光"。

1.3.2 电力输电侧对北斗导航的需求

在输电方面，具备北斗定位功能的设备可对输电杆塔塔基位移、姿态、线路风偏舞动、变电站地基沉降等进行监测。同时，北斗导航系统还支持变电站的智能巡检机器人运行、输电线的高精度无人机自主精益化巡检。以浙江省为例，现已建成 40 座电力北斗地基增强网基准站，形成的精准服务网覆盖了浙江省 95% 以上区域。得益于上述技术，有效减轻了人工巡视输电杆塔、线路、变电站的难度和工作量。在偏远或无人地区，北斗通信功能实现了输电线路状态监测数据回传。其中对特高压线路、重要输电通道及特殊地质条件的输电线路杆塔塔基的滑移情况进行监测，是提高输电线路灾害预警能力的有效途径，是保障智能电网输电环节安全可靠运行的必要基础。

通过在输电杆塔关键位置安装北斗监测点设备、监测点附近建设基准站的方式，可以实现厘米级、毫米级精度的塔基相对偏移量监测。目前架空输电线路的运维环境日趋复杂，仅仅依靠人工巡检方式已不能满足越来越严格的运维检修要求，因此，通过有人直升机或无人机进行智能巡检的模式已成为必然。但无论是直升机还是无人机对输电线路进行巡检，除了通过机载的传感设备（如相机、红外成像仪等）对架空线路进行巡查外，还必须有导航定位系统的支持才能保证设备定位的有效性和无人机飞行的安全性。

1.3.3　电力配变电侧对北斗导航的需求

在配变电方面，除电动汽车和充电桩应用外，北斗技术可以为微型同步相量测量装置授时，其短报文通信功能还可为远程北斗双向通信远程采集（抄表）系统、北斗配网一体化终端提供通信支持，实现了偏远无公网覆盖地区电表数据低成本采集，减少了人力成本，并实现了配电开关监测终端等设备的电气量三遥（遥信、遥测和遥控）数据以及故障指示器的双遥（遥信、遥测）数据上传与命令下发，极大地提升了配网在线监测与控制水平，尤其是在以下方面有着巨大的提升空间：

（1）提升配电设备的授时精度。配电网及其监控系统的时间同步模块采用 GPS 卫星作为时间基准源，GPS 卫星系统可针对特定区域进行局部性能劣化设置和限制使用，在配电网智能化、自动化发展过程中已形成安全漏洞。从国家安全角度考虑，配电网授时功能模块使用具有我国自主知识产权的北斗卫星系统具有战略意义，是维护国家安全及电网稳定的重要战略举措，这是国外卫星定位系统所不可替代的。通过使用基于北斗卫星系统的高精度时间同步装置，逐步替代 GPS 时间同步装置，从数据通信和应用角度有安全保护措施，可以最大限度地保护配电网安全性。

（2）加强配电自动化建设。持续提升配电自动化覆盖率，提高配电网运行监测、控制能力，实现配电网可观可控，变"被动报修"为"主动监控"。通过将北斗卫星位置信息功能模块与 GIS 平台相结合，提供精确的实时位置信息，实现故障精确定位，将故障坐标直接发送至配电抢修指挥系统，引导抢修车辆（人员）快速到达现场，加快响应速度，切实提高配电网实用化水平。

（3）加强配电通信网支撑。坚持一、二次协调的原则，同步规划改造配电通信网；运用北斗卫星短报文通信功能，解决无公网覆盖地区配电网状态及故障信息上报，提高通信网络覆盖率，提高配电通信网络对配电自动化遥控可靠动作和状态信息采集业务的支撑能力。利用北斗卫星系统扩大配电自动化范围，实现对无公网覆盖地域设备的遥测、遥信功能。

1.3.4　电力用电侧对北斗导航的需求

在用电方面，北斗的精确定位和导航服务为电动汽车提供安全服务保障。而随着电动汽车产业的发展和在运电动汽车数量的增长，也使得充电站（桩）的实时定位和车辆导航需求进一步增长。一方面，基于 BDS/GPS 的电动汽车充电站智能定位系统可以将接收到的充电站（桩）的位置信息嵌入内置电子地图中，实现对充电站（桩）的实时定位和电动汽车充电路径的规划和优化；另一方面，基于 BDS/GPS 的车载终端可以远程监测电池状态、跟踪电动汽车位置，实现电池故障的诊断和电池特性的分析。

与此同时，北斗的短报文通信可以解决人工抄表繁琐、低效的问题，实现用电信息采集系统要求的"全覆盖、全采集、全费控"的目标。BDS 的短报文通信具有实时性高、覆盖范围广、传输安全可靠的优点，契合了各类数据传输的需求，通过输电线路现场与主站间信息的实时传递，为线路巡检人员提供定位和导航功能；解决非统调电厂信息采集应用需求；通过"北斗+采集终端"模式完成无信号偏远地区的用电信息采集。

1.4 电力北斗卫星导航系统原理

1.4.1 电力北斗星地时间同步技术

1.4.1.1 电力业务对时间同步的需求

随着电网数字化和智能化的发展，广域保护和广域测量系统的应用越来越广泛，这类系统均采用统一时间的同步采样方法。中国智能电网特点是具有实时、在线连续的安全评估和分析能力，强大的预警控制系统和预防控制能力及自动故障诊断、故障隔离和系统自我恢复的能力。其中广域同步相量测量是一种在统一时钟协调下实现大电网实时同步测量的重要技术，是广域电力系统稳定分析和控制的前提和基础，也是目前对时间同步精度要求最高的业务之一。

基于 IEC 61850 的数字化变电站以变电站信息为前提条件，根据不同应用把同步分为 5 个等级，过程层采样值要求最高，同步精确到 1μs。

目前电网应用比较成熟的互联网网络时间协议（Network Time Protocol，NTP）、简单网络时间协议（Simple Network Time Protocol，SNTP）等同步精度为毫级，均不能达到 IEC 61850 所要求的时间精度。

总之，随着电力系统控制技术的发展，对各调度系统和发电厂、变

1
概
述

33

电站的时间基准有了更高的要求。电力系统常用设备和系统对时间同步准确度的要求见表 1-2。

表 1-2　电网业务对时间同步的要求

电力系统常用设备或系统名称	时间同步准确度（s）
线路行波故障测距装置	$\leqslant 1 \times 10^{-6}$
雷电定位系统	$\leqslant 1 \times 10^{-6}$
功角测量系统	$\leqslant 4 \times 10^{-5}$
故障录波器	$\leqslant 1 \times 10^{-3}$
时间顺序记录装置	$\leqslant 1 \times 10^{-3}$
微机保护装置	$\leqslant 1 \times 10^{-3}$
远方数据终端（RTU）	$\leqslant 1 \times 10^{-3}$
各级调度自动化系统	$\leqslant 1 \times 10^{-3}$
变电站、换流站监控系统	$\leqslant 1 \times 10^{-3}$
火电厂机组控制系统	$\leqslant 1 \times 10^{-3}$
水电厂计算机监控系统	$\leqslant 1 \times 10^{-2}$
配电网自动化系统	$\leqslant 1 \times 10^{-2}$
电能量计费系统	$\leqslant 0.5$
电网频率按秒考核系统	$\leqslant 0.5$
自动记录仪表	$\leqslant 0.5$
各级 MIS 仪表	$\leqslant 0.5$
负荷监控系统	$\leqslant 0.5$
调度录音电话	$\leqslant 0.5$
各类挂钟	$\leqslant 0.5$

1.4.1.2　变电站授时主要问题与改进

1. 变电站授时主要问题

（1）变电站内部时间不统一，精度低。据统计，500kV 变电站普遍约有 10 个时统设备，且由不同的厂家设备组成，又由不同的集成商和施工单位进行供货和施工。这些时统设备因不同的制造工艺、安装方法、内置晶体振荡器的保持精度、对待 GPS 软件算法不同导致提供的授时信号存在一定误差。以某 220kV 变电站为例，实际测试的时间偏差有 9 套装置时间偏差在 1min 以上，部分设备偏差超过 1h。

（2）变电站之间时间不同步。目前电力系统时间不能够达到完全统一，各系统在时间描述方面存在较大差异，时间精度差异大，难以准确描述时间顺序，给电网故障分析带来了一定困难。没有有效的技术手段对众多时统装置的时间准确度、自动化程度等进行全网统一监管，这些都是智能电网运行的潜在隐患。

变电站之间的情况与变电站内部的时间不同步情况基本相同，满足要求的 GPS 卫星接收机时间输出的精度误差通常都可以在 0.1μs 之内，这个时间误差相对世界协调时间（Universal Time Coordinated，UTC）而言，为此只要业务系统对时间精度的要求不小于 0.1μs，基本上都可以满足系统的要求。

变电站之间的时间不同步现象主要出现在各个 GPS 接收机本身上面，如：①没有对闰秒进行处理；②没有考虑电缆传输的时延；③选择 GPS 接收机时没有进行测试，导致以次充好；④ GPS 接收天线安装不规范导致长时间不能接收 GPS 时间等。

目前主要问题是电网没有一个可靠、高精度、可信赖的时间统一系统。许多文献都提到了 GPS 的可靠性和可信赖度问题，GPS 时间只能作为辅助参考数据。

（3）单一 GPS 授时源安全隐患。现在依然有一些变电站采用的时统设备是 GPS 接收机（或者增加信号分配器），接收的信号是 GPS 上的 UTC 时间（绝对时间）。但是，存在一个重要的问题：只有一个时间源，而且这个时间源是不可保障的时间源。一旦 GPS 的时间源精度失效或者因种种原因不可用，将导致整个变电站的授时信号不准确。因为 GPS 属于美国政府控制，美国政府从未对 GPS 信号的质量及使用期限给予任何的承诺和保证，而且美国政府还具有对特定地区 GPS 信号进行严重降质、关闭的能力。

实际上，20 世纪 80 年代，美、英、德等欧美各国电力、电网自动化建设中已经统一电网各级时钟的标准信号源，他们利用本国的低频时间授时作为本国电网的安全可靠的时间源，如分别采用 WWWB、MSF、DCF77 等低频时码等信号。随着 GPS 的不断应用，其授时精度远远超过基于无线电的低频码授时精度，为此欧洲也开始研制自己的"伽利略"卫星系统，用于提供自身具有"欧洲区域"安全的时间系统。同样中国研制的北斗卫星授时系统在解决国防应用之余，也可以进一步用于电力系统等各种需要时间同步系统中。

（4）缺乏统一的网管和监控机制。目前变电站之间时间不同步的另一个原因是缺乏有效的监控机制。现在很多变电站及调度管理机构无法对站内时间进行监控、告警和调整，也就是说当站内时间已经出现较大范围的偏差时，无法知道存在偏差，这给系统运行带来很大的隐患。此外，变电站时间同步设备没有统一网管，无法得到变电站设备的故障情况、运行数据等，特别在无人值守站，变电站时间设备的运行情况完全无法管理，出现故障或停运调度管理人员也不会知道。

2. 变电站授时改进

（1）采用北斗双向对时。采用北斗卫星双向对时，保证全网时间统一，为智能电网发展提供可靠、安全、高精度时间源。解决传统难以避免的单向授时所带来的固有误差（比如 GPS 授时、单向北斗），随着运行时间的增加，积累误差会越来越大，失去正确的时间计量作用。

（2）监控被授时装置状态。通过将授时装置及被授时装置的状态进行监控，将授时装置的精度与被授时装置的精度进行实时对比，并将设备实时监测的差值进行保存统计分析，差值超过阈值时进行异常告警，同时可以将告警信息通过北斗卫星发送到中心站监控系统。

（3）标配北斗卫星导航系统。以北斗卫星导航系统作为卫星同步主时钟的标准配置，解决了目前电力系统的时间同步系统以单一 GPS 为主要时间基准而带来的巨大的安全隐患，实现了电网卫星授时的自主化。

（4）进行集中管控和远程管理。时间同步装置依靠北斗系统的通信功能，将自身运行的状态及精度等设备信息发送到中心主站监控系统，使中心主站监控系统对安装在各个不同厂站的时间同步装置实时的运行状态、精度等进行监测和远程控制，从而实现了对所有时钟设备运行状态的集中监测管理。

北斗电力全网时间同步管理系统利用北斗卫星通信功能，定期测量本地时间和北斗中心控制系统的时间误差，通过发送指令方式，对远端厂站的时间同步装置进行实时控制，对时间精度进行校验、纠偏，使区域内所有厂、站间时钟设备达到 1μs 的组网精度，无需任何地面链路连接，从而实现大区域全网时间同步。

（5）融合地面链路组网方式，实现"天地互备"。北斗电力全网时间同步管理系统可以同时融合同步数字体系（Synchronous Digital Hierarchy，SDH）、精确时间协议（Precision Time Protocol，PTP）等地面链路组网方式，自主设定主、备方式，智能切换，打造综合时间管理平台，实现真正的"天地互备"。

下面将重点介绍电力北斗卫星导航系统的星地时间同步技术。

1.4.2 电力北斗卫星定位技术

GNSS 测量分为静态测量和动态测量。静态测量采用的是载波相位相对测量技术，在实施过程中分为各种等级，按逐级控制原则，高等级控制低等级进行。目前中国最高等级是 A 级和 B 级。A 级指 GNSS 连续观测站（Continuously Operating Reference Stations，CORS），B 级是高等级高精度控制点，C、D、E 级指低等级控制点。A、B 级一般是国家基础控制网或特殊工程需要的高精度控制点，主要用于为低等级控制网提供坐标基准；低等控制网（点）主要为工程测量提供坐标基准。动态测量是指实时动态测量（Real‑time kinematic，RTK），主要满足低精度需要，如城市规划、地籍测量、管道和线路等测量。

至 2016 年初中国大陆各省市和各行业布设的 CORS 站已超 6000 个，分布在全国各地，东部最多、西部较少。由于 CORS 技术的飞速发展，像 20 世纪 90 年代那种在全国大面积布设高等级高精度控制网的情况已不需要，以后 GNSS 测量主要用于局部测量。北斗测量技术方法与其他 GNSS 技术基本上是一致的，但由于北斗测量设备是按功能进行设计的，有静态、动态设备、定向设备和测速设备，因此其应用与其他 GNSS 接收机测量略有不同。

北斗用于定位测量的设备有静态测量设备（基准站型接收机）和动态测量设备（RTK 型接收机）。其测量方法与 GPS 基本相同，在这里不再展开论述。

1.4.2.1 静态测量

截至 2016 年底，全国已有近 500 个北斗 CORS（安装北斗接收机），还有 300 多个 CORS 站开通了北斗卫星信号的接收。随着国家对全国 CORS 站的整合管理和北斗基准站接收机的成熟发展，在中国北斗接收机会逐步代替其他类型接收机，成为 CORS 站的主流设备。CORS 系统在测量方面提供 2 种产品：①各 CORS 站的高精度坐标和速率；②为 RTK 测量提供差分改正数。

其他等级的北斗定位测量将基于北斗 CORS 站进行。在 GNSS 测量中，各等级控制级控制网在北斗 CORS 站控制下实施，其实施方法与 GPS 测量一样，有同步分区观测法和流动观测法。

同步分区观测法是按参加作业的接收机数确定分区点数，区与区之间有 2~4 个连接点（如图 1-8 所示），一个区观测完成后，连接点上的仪器不动，其他仪器迁至下一个区，全部上点后再同步观测。

流动式观测法是在北斗 CORS 网内进行。单台接收机可进行作业，数据处理时选取 CORS 站与流动站的同步观测站数据一起处理；也可以几台接收机在同一区域内同步流动，如图 1-9 所示。

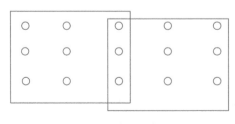

图 1-8　分区示意图

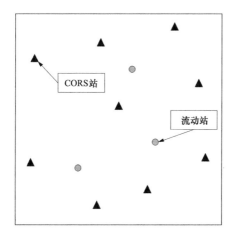

图 1-9 流动观测示意图

在数据处理时要注意 CORS 站选择，由于 CORS 站较多，尤其是在中国东部地区，在数据处理时并不是选择的 CORS 站越多效果越好。选择时应注意：①选择测区周围较近的 CORS 站；② CORS 站在测区周围要分布均匀；③选择精度较高稳定性较好的 CORS 站。在控制网平差中，一般将所选的 CORS 站作为起算点并施加约束。若 CORS 站坐标精度不高或带有误差，将直接影响平差结果的精度，起算点各坐标分量对平差结果的影响与控制网到起算点的距离有关，距离越远影响越大；所以 CORS 站的选取不仅要具有较高的精度和良好的可靠性，还应顾及板块运动的影响，即顾及点位随时间的变化。

因此，CORS 站选取应满足以下要求。

（1）CORS 站应分布在未知点周围，且有一定数量，一般要多于 4 个。

（2）尽量不要将未知点置于 CORS 站构成的多边形以外。

（3）未知点到每个 CORS 站的距离应大致相当。

1.4.2.2 动态测量

这里的动态测量指北斗 RTK 测量，RTK 测量分为单基站 RTK 测量和网络 RTK 测量（CORS 系统下 RTK 测量）。

1. 单基站 RTK 测量

单基站 RTK 测量系统由北斗基准站型接收机、流动型接收机和电台组成。应用时将基准站型接收机置于已知坐标的控制点上，将设备连接好后开机，后将已知坐标及相关参数输入到基准站接收机，基准站接收机接收到北斗卫星信号后，由观测到的数据和测站已知坐标计算出测站改正值。将测站改正值和载波相位测量数据经电台发送给流动站。

一个基准站提供的差分改正数可供数个流动站使用。

在架设基准站时，注意以下几点：

（1）RTK 的基准站设置在 RTK 有效测区中央最高的控制点上，以利于接收卫星信号和发射数据链信号，控制点间距离应小于 RTK 仪器标称的作业距离。

（2）尽量提高基准站电台天线的架设高度。

（3）在流动站的数据链信号接收不强时，应搬动基准站，缩短各流动站到基准站的距离，有地形、地物遮挡时，应另增设中间站。

2. 网络 RTK 测量

网络 RTK 测量在 CORS 系统下进行，数据处理中心将 CORS 站的观测数据进行实时处理，获得实时差分改正信号，通过通信系统发布差分改正信息。RTK 用户要在数据中心进行注册，入网后流动设备才能收到差分改正信息。北斗流动设备收取差分改正信息后，设备会自动将观测到的北斗卫星数据与差分改正信息进行处理，从而获得实时坐标值。

随着北斗 CORS 站的建设及现有 CORS 站改建，会逐步从城市到农村、从国家的东部到西部拓展，北斗差分信息覆盖的范围将越来越广，网络 RTK 在一般精度测量中将逐步代替北斗相对测量。目前网络 RTK 精度优于 3cm，可满足一般工程测量的需要。在高精度测量方面载波相对测量还将继续占主导地位。

1.4.3　电力北斗短报文技术

随着我国社会的快速发展，人们对用电量的需求越来越高。在电力行业使用北斗短报文通信技术可以大大提高用电力系统的安全性和扩大电力系统的覆盖面积，基于此北斗短报文通信技术在电力行业得到了广泛的运用。在电力行业发展的过程中很多领域都能够使用北斗短报文通信技术，例如在实际施工过程中可以利用北斗短报文通信技术来对施工现场进行实时监控，与此同时还能够很好地控制电力建设成本。目前很多电力企业通过无线的方式来传输数据，而这种方式也只能用在一般情况，如果遇到恶劣天气和一些地形比较偏远特殊的地区，无线传输就很难使用。北斗短报文技术可以很好地解决这些问题。北斗短报文技术具有以下优点：

（1）覆盖范围广，无通信盲区：就目前的状况来看，北斗卫星系统已经覆盖整个亚太地区，在不久的将来会很快覆盖全球，所以，北斗卫星系统会完全满足监测节点以及电力的通信需要，同时还可以有效地避免天气以及地域带来的限制。

（2）抗干扰能力强：码分多址（Code Division Multiple Access，CDMA）需要使用扩频技术，空间段的工作基于 L/S 波段，信号基本上不会受恶劣天气影响，能够很好地满足每天工作需要。

（3）通信可靠性较高：北斗卫星通信具有高度可靠性，能够在很短的时间内完成定位以及定时，同时还能够对数据进行准确分析，具有良好的保密性能。

北斗短报文通信系统具有高度实时性，覆盖面积很广，传输安全，可以有效地实现输电线路和主基站之间的信号实时传输，帮助线路检查人员找寻准确的位置，提供精准导航，所以，把北斗短报文通信使用在传感器在线数据传输检测中具有很大优势，在解决在线监测布点受制于无线公网覆盖盲区的问题的同时也很大程度上提高了数据传输的安全性。

北斗双向短报文交互过程如图1-10所示：智能采集终端即短报文发送方将包含接收方目标地址和数据信息内容的通信报文，按照北斗通信应用协议格式送到用户机；数据经加密处理后通过北斗卫星转发至北斗地面一级处理站，形成一级入站数据；地面一级处理站接收处理初始入站数据，并将该数据发送至北斗信息管理系统，经过解密和再加密后返送到北斗地面一级处理站；地面一级处理站将其加入持续送出报文队列中，再经过北斗卫星发送至目标用户端；北斗指挥机接收到应用数据包后，经反向解密后再将数据报文送至用户应用系统中，完成一次通信。反向通信过程亦然。

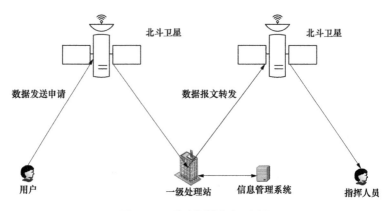

图1-10 北斗短报文交互过程

1.5 电力北斗建设

1.5.1 电力北斗建设现状

20世纪后期，中国开始探索适合国情的卫星导航系统发展道路，逐步形成了三步走发展战略：2000年年底，建成北斗一号系统，向中国提供服务；2012年年底，建成北斗二号系统，向亚太地区提供服务；2020年，建成北斗三号系统，向全球提供服务。

截至 2012 年 10 月 25 日，北斗系统共发射了 16 颗导航卫星，除去 1 颗地球静止轨道卫星在轨维护和 1 颗中圆地球轨道卫星（Medium Earth Orbit，MEO）在轨试验外，其他 14 颗卫星组成了北斗区域卫星导航系统的导航星座。目前北斗系统空间星座由 5 颗 GEO 卫星，5 颗倾斜地球同步轨道卫星和 4 颗 MEO 卫星组成。相应的位置为：GEO 卫星的轨道高度为 35786km，分别定点于东经 58.75°、80°、110.5°、140° 和 160°。IGSO 卫星的轨道高度为 35786km，轨道倾角为 55°，分布在 3 个轨道面内，升交点赤经分别相差 120°，其中 3 颗卫星的星下点轨迹重合，交叉点经度为东经 118°，其余两颗卫星星下点轨迹重合，交叉点经度为东经 95°。MEO 卫星轨道高度为 21528km，轨道倾角为 55°，回归周期为 7 天 13 圈，相位从 Walker24/3/1 星座中选择，第一轨道面升交点赤经为 0°。4 颗 MEO 卫星位于第一轨道面 7、8 相位、第二轨道面 3、4 相位。

目前北斗二号系统通过发播 B1I 和 B2I 公开服务信号，免费向亚太地区提供公开服务，服务范围覆盖南北纬 55°、东经 550°~180° 的区域，实现定位精度优于 10m、测速精度优于 0.2m/s、授时精度优于 50ns 的性能指标。

能够兼容北斗二号系统的北斗三号系统的服务性能和服务功能将会有更进一步的提升和扩展。2020 年北斗三号系统计划提供的服务及性能如表 1-3 所示。

表 1-3　2020 年北斗三号系统计划提供的服务及性能

服务范围	服务类型	性能说明
全球范围	定位导航授时	空间信号精度优于 0.5m，全球定位精度优于 10m，测速精度优于 52m/s，授时精度优于 2ns
	全球短报文通信	单次通信能力 4 个汉字（560bit）
	国际搜救	按照国际搜救卫星系统组织相关标准，与其他卫星导航系统共同组成全球中轨搜救系统
	定位导航授时	亚太地区：定位精度优于 5m，测速精度优于 0.1m/s，授时精度优于 10ns
	星基增强	支持单频及双频多星座两种增强服务模式，满足国际民航组织相关性能要求

服务范围	服务类型	性能说明
中国及周边地区	地基增强	利用移动通信网络或互联网络，向北斗基准站网覆盖区内的用户提供从米级到毫米级的高精度定位服务
	精密单点定位	提供动态分米级、静态厘米级的精密定位服务
	区域短报文通信	服务容器提高到 1000 万次 /h，接收机发射功率降低到 1~3W，单次通信能力 1.00 个汉字（14000bit）

随着北斗导航系统的不断完善，北斗系统在各行各业得到了深度应用。北斗系统在电力资源管理、安全应急、北斗授时等方面已取得重要成果。根据中国电力行业规划目标，到 2024 年，将全面形成共建共治共享的能源互联网生态圈，实现能源流、业务流、数据流的"三流合一"。

截至 2020 年，北斗产品已经应用于电力行业的各个环节，在北斗授时领域，100% 的管理信息系统和 90% 的调度系统已使用北斗授时服务；在北斗定位导航领域，90% 公务、生产车辆已使用北斗定位导航终端；在无公网覆盖的偏远地区，采用北斗短报文的方式进行电能量数据采集及回传。目前，已建成的北斗（高精度卫星定位）基准站已达到 1200 座，足以当前电力系统对定位以及精准授时的功能，并且随着"5G"的到来，电力系统开始逐渐形成以"北斗"＋"5G"引导的电力新格局。

1.5.2　电力北斗导航系统设计及功能

1. 实现电力管理系统的动态监测

通过实时动态监测获取电网全部信息，监测数据反映系统动态行为特征，其主要应用领域如下：稳态分析、全网动态过程记录及事故分析、电力系统动态模型辨识及模型校正、暂态稳定预测及控制、电压及频率稳定监视及控制、低频振荡分析及抑制、全局反馈控制、故障定位及线路参数测量等。

2. 实现电力管理系统的精确授时

系统依靠北斗卫星导航定位系统提供高精度时间基准，实现电力系统的同步相量测量。由于电厂大多采用不同厂家的设备、系统，而不同厂家大多采用各自独立的时钟，存在较大的时间偏差，因没有统一的时间基准，不利于运行维护和数据分析。通过北斗卫星导航定位系统的高精度基准，建立统一的时间同步系统，统一所有设备、系统时间，可较好地满足运行监控和事故后故障分析的需要。且采用北斗系统进行授时，摆脱了 GPS 束缚，不受制于人，精度可达小于 $1\mu s$。

3. 电网事故与紧急事件处理及报警

基于北斗导航系统的电力管理系统具备事故与紧急事件处理和报警功能。当某个区域的输电线路发生异常状况时，管理系统能够迅速识别和报警，定位异常区域地点并采取相应的处理措施。

4. 电网数据传输的实时有效传输

电力管理系统可以利用北斗卫星通信链路实现各个子发电站和变电站间到监控系统中心站之间或者其自身之间的通信力，也可以通过电力管理系统的国家电力数据网（State Power Data Network，SPDNET）实现各个分系统与中心站的通信，从而保证系统数据的实时传输。

1.5.3　电力北斗在电力系统的应用

当下中国电力系统在能源革命背景下面临新的挑战。目前我国电力总装机容量 13 亿 kW，位居世界第一，其中西电东送 4 亿 kW；拥有 2 条 1000kV 特高压（世界最高电压等级）、4 条 ±800kV 特高压直流（High Voltage Direct Current，HVDC）以及 31 条常规直流线路。我国已形成世界上服务人口最多、覆盖区域范围最广、输电电压等级最高、可再生能源装机容量最大的大型互联电网。中国主要用电区域集中在华北和华中地区，而电力供给较为分散，如分布在东北的新能源、西北的风电和西南的水电。由于电力不能大规模储存，因此保证电力的并网和时间同步，维护电网的稳定性非常重要，实现如此复杂系统的实时能量平衡是一项世界性难题。

大停电事故会造成严重的社会影响和经济损失。20 世纪 90 年代同步相量测量装置（Phasor Measurement Unit，PMU）诞生后，其同步性和快速性使大电网动态过程监测与控制成为可能，在历次大停电事故中发挥了巨大作用，目前已在世界范围内推广应用，国内现在已拥有超过 2500 台 PMU。我国电网的大电网动态过程监测与控制在较长一段时期内主要依赖全球卫星定位系统 GPS 时间同步技术。北斗授时精度完全可以满足电力系统广域相量测量系统对时间同步的需求，从而摆脱了对 GPS 的依赖。

1.5.3.1　电力北斗在电力授时中的应用

北斗导航系统具有单向和双向 2 种授时功能，根据不同的精度要求，利用定时用户终端，完成与北斗导航系统之间的时间和频率同步，提供单向授时 100ns 和双向授时 20ns 的时间同步精度。

1. 单向授时功能

在单向授时模式下，用户机不需要与地面中心站进行交互，但需已知接收机精密坐标，从而计算出卫星信号传输时延，经修正得出本地精确的时间。中心控制站精确保持标准北斗时间，并定时播发授时信息，为定时用户提供时延修正值。标准时间信息经过中心站到卫星的上行传输延迟、卫星到用户机的下行延迟以及其他各种延迟传送到用户机，用户机通过接收导航电文及相关信息自主计算出钟差并修正本地时间，使本地时间和北斗时间同步，系统设计授时指标为 100ns。

2. 双向授时功能

双向定时的所有信息处理都在中心控制站进行，用户机只需把接收的时标信号返回即可。中心站系统在 T_0 时刻发送时标信号 ST_0，该时标信号经过延迟 τ_1 后到达卫星，经卫星转发器转发后经 τ_2 到达定时用户机，用户机对接收到的信号进行处理，也可看作信号转发，经 τ_3 的传播时延到达卫星，卫星把接收的信号转发，经 τ_4 的传播时延传送回中心站系统。也即表示时间 T_0 的时标信号 ST_0，最终在 $T_0+\tau_1+\tau_2+\tau_3+\tau_4$ 时刻重新回到中心站系统。中心站系统把接收时标信号的时间与发射时刻相减，得到双向传播时延时 $\tau_1+\tau_2+\tau_3+\tau_4$，除以 2 得到从中心站到用户机的单向传播时延。中心站把这个单向传播时延发送给用户机，定时用户机接收到的时标信号及单向传播时延计算出本地钟与中心控制系统时间的差值 $\Delta\varepsilon$，修正本地时钟，使之与中心控制系统的时间同步。

从双向定时和单向定时的原理介绍中可以看出，双向定时和单向定时的主要差别在于从中心站系统到用户机传播时延的获取方式：单向定时用系统广播的卫星位置信息按照一定的计算模型由用户机自主计算单向传播时延，卫星位置误差、建模误差都会影响该时延的估计精度，从而影响最终的定时精度；双向定时无需知道用户机位置和卫星位置，通过来回双向传播时间除以 2 的方式获取，更精确地反映了各种延迟信息，因此其估计精度较高。在北斗系统中单向定时精度的系统设计值为100ns，双向定时为 20ns。

单向定时需要事先计算用户机的位置。双向定时无需知道用户机的位置，所有处理都在中心站系统完成。

单向定时由于采用被动方式进行，不占用系统容量。而双向定时是通过与中心站交互的方式来进行定时，因此会占用系统容量，使应用受到一定限制。

根据目前中国电力系统的实际情况，在电力系统应用中北斗授时技术已初步满足以下几个需求条件：

（1）覆盖范围。现阶段北斗系统组网已实现覆盖我国全部地区，并已覆盖到周边国家。已完全可以满足中国电网全国联网的需求。也进一步满足了中国与周边国家在电力方面的交流需求。

（2）授时精度。现阶段北斗卫星导航系统提供授时的精度达到20~100ns，其中单向授时精度为 100ns，双向授时精度为 20ns，考虑到电力系统实际的运行特点、同时接收时间的设备数量和分布的广泛性，结合北斗卫星导航系统授时技术的特点，可选择单向授时方式。虽然单向授时方式的精度相对差一点，但是对于现阶段的电力系统已足够满足同步相量测量装置对同步信号的要求。

（3）可靠性。现阶段北斗卫星导航系统的建立与运行已经历了长时间的考验，一直处于稳定的工作状态，从可靠性方面来讲，目前已经具备在电力系统中应用的条件。

（4）安全性。当前电力系统中使用的 GPS 方式的时间同步技术，最大的安全隐患是 GPS 掌握在美国手中，一旦遇到突发状态，授时的可靠性和可信性将大打折扣，甚至有可能会出现电力系统时间同步中断性。北斗卫星导航系统实际的运行和使用完全不受他国的控制和限制，安全性有极大保障，完全满足电力系统在时间同步安全性方面的要求。

通过以上几点，结合电力系统的实际运行需求分析可知，电力系统中应用北斗卫星导航系统授时功能完成全网的时间同步是完全可行的，而且从长远角度来讲北斗卫星导航系统在中国电力系统中的积极应用更能保障中国在互联电网安全方面具有主动权。

1.5.3.2 电力北斗在塔杆形变监测的应用

在输电过程中，塔杆起着支撑、安全保障的作用。日常情况下，当塔杆等较高电力设施持续向一个方向倾斜或扭曲 1~2cm/ 周（或天），将存在塔倒的危险。研究显示，电力系统故障所带来的附加损失超过其本身故障损失的 400 倍。为保证输电效率和质量，减少线路维修成本，解决杆塔沉降倾斜的安全隐患，建立电力北斗杆塔形变监测系统，对杆塔进行全天候在线监测。

传统的杆塔形变监测方法主要采用目测和铅锤法，这种方法误差较大且效率低，浪费大量人力、物力。目前常用的方法有传感器检测法、经纬仪法、平面镜法、三维激光扫描法、北斗系统监测法等。其中基于北斗系统监测法可实现杆塔的实时在线监测，采用实时动态（Real-Time Kinematic，RTK）技术，精度可达到实时厘米级、事后毫米级。尤其在巡检困难的地区，有助于工作人员在第一时间掌握输电塔的各种情况，及时进行抢修以避免重大损失，保障输电线路安全稳定运行。基于北斗系统的电力杆塔在线监测系统示意图如图 1-11 所示。

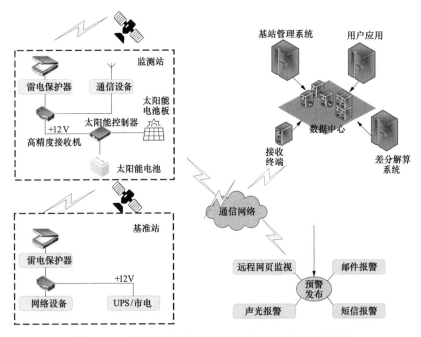

图 1-11　基于北斗系统的电力杆塔在线监测系统示意图

各基准站接收机实时接收定位信号后采集并存储数据，经光纤专网将数据传回到数据中心。同时各个监测站接收机实时接收定位信号，采集并存储数据，再通过接入点（Access Point Name，APN）通信方式将数据传回到数据中心。数据中心根据解算方式解算数据，目前采用虚拟参考站（Virtual Reference Station，VRS）、主辅站、区域改正数等方式进行解算。在基准站获得的解算结果基础上对监测站传回的数据进行改正、纠偏，从而得到监测站的精准定位数据。当形变超出设定阈值时发布警报，如采用声光、邮件、短信或远程网页监视报警，将危险降到最低。北斗 RTK 相位差分高精度定位技术的应用，使杆塔监测更为快速可靠，水平精度达 ±8mm+1ppm，垂直精度为 ±15mm+1ppm。截至2017 年底，在 13 个省电力公司安装了 178 套形变监测设备、104 套基准站,用于输电线路杆塔监测。

1.5.3.3　电力北斗在电力巡检中的应用

输电线路常因自然灾害、自身老化、人为外力破坏导致无法正常供电,作业人员巡线确定故障点需要耗费大量人力、物力,且周期长、效率低,存在一定危险性。而基于北斗系统的无人机电力巡线极大地推动了电力行业的发展,无人机在电力巡线应用中前景广阔。无人机可充分利用北斗系统的定位导航功能,实现安全可靠的巡线作业。基于北斗定位导航的无人机电网巡线系统示意图如图 1-12 所示。

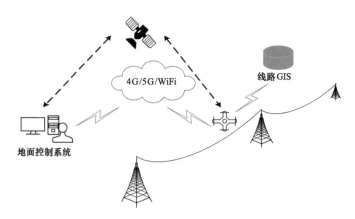

图 1-12　基于北斗定位导航的无人机电网巡线系统示意图

巡线系统工作原理如下:

(1)地面发出指令,无人机自动飞向目的电塔,航线依据线路 GIS 确定。

(2)北斗定位导航模块获取无人机实时位置,并与目的电塔坐标进行比较,当差值小于某一阈值时,向地面发送到达指令。

(3)地面接收指令,经判断分析后,发送确认指令,操控无人机飞行模式转为人工模式。

(4)控制无人机进行巡检监控,实时将内容信息传回地面。

(5)地面收到信息后判断有无故障或安全隐患,根据实际情况做出相应措施。

目前对输电线路的可靠指标要求越来越严格，无人机在电力巡检系统的需求量日渐增加。仅 2017 年，无人机采购的适用省份已推广到 28 个，采购总量达 300 多架，较 2014 年同比增长 5.82 倍。

北斗系统在无人机巡线方面的应用，使巡检操作更加简单，维护检修效率大大提高，约高出人工巡检 40 倍，降低了劳动强度，同时大大减少了成本损失。

1.5.3.4　电力北斗在用电信息采集中的应用

在无公网覆盖地区，如小水电站、偏远山区的居民用户等，其用电数据常无法远程回传，使数据无法实时采集、分析，导致电网管控不够灵活。而基于北斗短报文的用电信息采集保证了数据的实时性，是现阶段北斗短报文在电力行业终端数量最多、成熟度最高的应用。目前可使用北斗短报文采集的数据包括用电信息、配电网电压电流等。基于北斗短报文通信的用电信息采集系统示意图如图 1-13 所示。

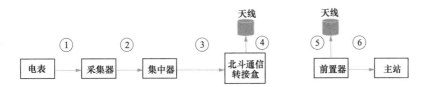

图 1-13　基于北斗短报文通信的用电信息采集系统示意图

图 1-13 中，主站与集中器之间的通信按照主站约定的数据采集项进行采集。采集器采集电表数据的方式有 3 种：RS485、微功率无线和载波方式。其中①、②采用的协议为 DL/T 645，③、⑥采用 Q/GDW 1376.1 协议。北斗终端负责协议封装转换，并以短报文方式通过卫星实现数据转发。在民用领域，单次报文容量为 78byte，当数据长度较长时，采用拆包方式分组转发。前置机模拟原采集终端登录用电采集系统，对数据进行解析组包。主站负责对采集的数据进行业务管理。在 2015~2018 年，各省电力公司共安装 8000 多台北斗数传终端。通过对

电能数据的在线采集和分析，实现了实时线损监控、终端上线情况监控等功能，加强了应急预警能力，同时很大程度上节省了人力、物力和财力，具有良好的社会、经济效益。除上述介绍的典型业务外，北斗系统在配电网信息管理、移动智能巡检、车辆管理调度等均有应用，实现了电网的安全、稳定、高效运行。

1.5.3.5　电力北斗在电力系统防灾监测中的应用

由于生物或人造物体的影响，消防系统中的输电线路塔架有倾斜的可能，造成部分塔架材料弯曲，强风会导致电线拉长。在云南、贵州等地，受天气影响，线路容易被冰雪覆盖下压拉长，山区的一些取水点、电站等可能发生地面气象灾害。上述情况会对供电系统的可靠性构成严重威胁。电力北斗系统具有精准、全天候监控等特点，还具有短报文通信功能，可对输电线路的状态进行实时监控。该系统还可对大坝等主要电厂进行实时在线监测。在通信网络覆盖不足的地区使用北斗短报文将监测数据实时传输至调度中心，能够实现线路监控的全覆盖。当线路发生倾斜等故障时，电力调度中心能够及时安排人员排查相关风险，实现电力系统的防灾监测。

2

电力北斗综合
应用方案

自 1994 年中国启动北斗一号系统的工程建设以来，历经 26 年的持续发展，从北斗一号起初仅为中国用户提供定位、授时、广域差分和短报文通信服务，到北斗二号面向亚太地区用户提供定位、测速、授时和短报文通信服务，2020 年 6 月全面建成的北斗三号系统能够为全球用户提供授时、定位导航、全球短报文通信和国际搜救服务，同时可为中国及周边地区用户提供星基增强、地基增强、精密单点定位和区域短报文通信等服务。BDS 作为着眼于国家安全和经济社会发展需要的国家重要时空基础设施，是中国战略性新兴产业发展的重要领域。

随着第三代北斗卫星的顺利发射组网和北斗定位导航软硬件的持续发展，北斗系统的民用化发展正在快速推进，这将极大地推动北斗产业的快速发展。电网作为社会经济发展的重要基础设施之一，其运行的安全性影响国计民生，是电网企业的"生命线"。目前，国家电网有限公司业务领域的定位导航应用大多仍采用 GPS 终端设备，无法保证电网空间信息的安全。北斗系统核心技术自主可控，从根本上保障了电网时空位置服务的安全。因此国家电网有限公司亟待推广北斗系统在电力系统中的应用，逐步由北斗 GPS 兼容过渡模式转变为最终北斗全面替代 GPS 模式，消除对国外卫星导航系统的依赖，保障我国电网安全发展。

国家电网有限公司已经在规划、基建、运检、营销、调度等业务领域不断挖掘探索北斗与电力业务融合。在运检业务领域，杆塔监测和地灾监测以及无人机巡检等业务提出了厘米级至毫米级的高精度定位需求；在基建业务领域，人员管理、车辆管理等业务内容米级的定位需求；在营销业务领域，营配贯通、资产设备管理等业务应用提出了米级定位需求，在无公网覆盖的边远地区，电力业务所需实时通信要借助北斗系统短报文进行通信；在调度业务领域，当前智能电网、特高压超高压电网的建设对电网时间同步的精准度正从过去的微秒级提升到纳秒级，因此必须为电力系统配置安全稳定的高精度授时设备。建设电力物联网是国家电网有限公司的核心任务，开展基于北斗系统的电力场景应用，是立足于军民融合国家战略和国家电网有限公司发展的需求，也是建设电力物联网的重要举措。

2.1 电力北斗业务场景

2.1.1 北斗在电力基建业务的应用

变电站、电塔等电力基础设施建设施工期会涉及基建人员、机械、设备的管理问题，在以往基建施工过程中，由于人员杂、设备多、车辆乱等问题，施工现场无法完成高效管理。同时，保证作业安全的现场环境监测设备在公网信号覆盖缺乏的施工地，无法及时上传环境信息，不能为基建施工及时有效完成提供安全保障工作。通过开发使用北斗安全帽、北斗工卡、车载定位设备、地质环境监测等基于北斗的辅助设备后，可以实现基建业务的统一管理，保障施工安全。

北斗电力基建安全管控系统由现场基础数据模块、现场实时监测模块、现场统计分析模块、实时调度指挥模块、系统管理等模块构成。该系统以北斗导航定位技术为基础，结合物联网、移动应用、大数据技术、GIS 技术，利用北斗智能定位设备（北斗安全头盔、车载终端、轨迹监测装置、地质环境监测装置等），实时监控现场的人员、车辆机械以及环境等动态信息，结合基建安全管理平台实现对基建现场的全方位动态感知，全面提升基建现场的安全管理水平，实现基建现场通信、关键人员到岗到位监督、现场车辆管理、施工现场作业环境监测、施工作业安全保障等功能，实时采集施工现场人员、机械、设备、环境、车辆的交互信息，并可通过系统实时展现。

北斗在电力基建业务的应用场景如图 2-1 所示。

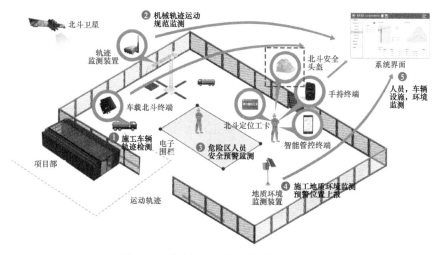

图 2-1　北斗在电力基建业务的应用场景

2.1.1.1　基建现场人员管理

北斗电力基建安全管控系统使用基于北斗定位功能的工卡、头盔实现现场人员的考勤与安全管理。传统的签到方式只能在一定程度上反映相关人员是否到过现场，并不能反映其真实的行动轨迹，特别是监理或安全员等重要人员的行动轨迹。一旦出现事故，无法真实查证监理、监工等重要责任人的实际到位情况。

北斗电力基建安全管控系统及其附属产品主要应用于施工人员、施工监理、施工项目部人员的实时定位。现场作业人员佩戴北斗安全帽和北斗定位工卡，这些设备能够实现米级精度的北斗定位功能。设备设有一键呼救功能，当危险发生时，可将告警信息及时传回数据中心，有效保障人员的人身安全。此外还可以通过平台电子围栏分析人员位置状态，实现人员进入危险区域实时报警提醒的功能。关键人员可配置移动作业终端，实时上报现场关键信息，如图 2-2 所示。

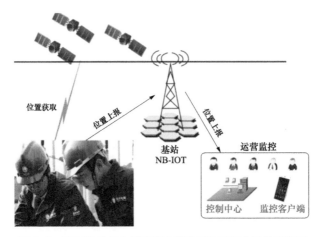

图 2-2 利用北斗电力基建安全管控系统实现人员位置管理

2.1.1.2 施工车辆管理

在施工车辆管理方面，北斗系统主要应用于施工车辆（包括混凝土搅拌车、挖掘机、砂石运输车辆等）的实时定位。通过车辆内部装载的具有北斗高精度定位功能的车载终端（如图 2-3 所示）获取施工车辆位置，配合软件平台，能够监测和记录机动车辆的实时位置、运行状况、行驶路线、历史轨迹等信息。通过分析定位信息，能够实现车辆行驶状况的判别、车辆停放位置的管控等功能，如图 2-4 所示。

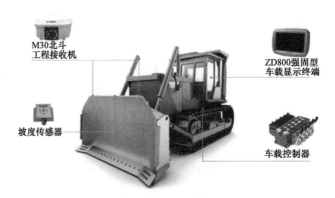

图 2-3 车载终端

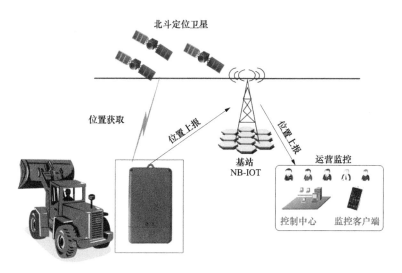

北斗定位卫星

位置获取

位置上报

位置上报

基站
NB-IOT

运营监控

控制中心　监控客户端

图 2-4　利用北斗系统实现车辆管理

2.1.1.3　现场重型设备监测预警管理

基建现场不可避免地使用到塔吊、升降机等大中型施工设备，一旦发生事故将直接造成人员伤亡与财产损失。在高空作业重型设备上加装北斗轨迹监测装置，能够实时监测设备状态，获取设备位置信息和姿态信息，当作业机械进入危险区域时，轨迹监测设备实时告警，提醒操作人员，避免重大事故发生，如图 2-5 所示。

北斗轨迹监测装置由 BDS 定位模块、4G/5G 通信模块、WiFi/ 蓝牙模块组成，除了能够实现精准定位功能，还可以实现航向角、俯仰角和横滚角测量的定向功能。

2.1.1.4　地质环境监测

在电力基建施工过程中，由于地形地貌、天气情况以及施工工程活动本身的原因，施工地滑坡、泥石流、地裂等地质灾害事故频发。事故一旦发生，将严重危害电力施工工作，造成巨大的财产损失甚至施工人员伤亡。在基建施工前，通过在工地四周安装基于北斗定位及通信的地质环境监测装置，可以采集现场监测点的地面沉降信息，通过解算平

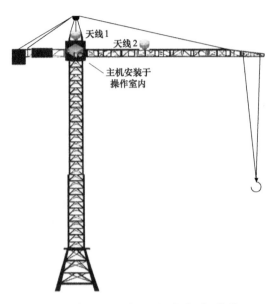

天线1

天线2

主机安装于
操作室内

图 2-5 北斗用于现场重型设备监测预警管理

台，精确地计算出现场监测点地面的沉降，有效避免滑坡与塌陷的危险情况。地质环境监测装置由接收机主机、接收机天线、通信设备、防雷模块、供电系统以及辅件组成。

地质灾害监测预警系统通过长基线、复杂条件下北斗高精度差分解算模块辅助建设，在长基线、复杂条件下，在不同时间尺度和空间尺度上，得到高精度差分解算定位结果，为系统各模块提供数据支撑，及时捕捉输电线路本体及灾变体的形变信息，进而辅助认知成灾演变过程，为输电线路地质环境的准确预警、及时防治和灾后应急处置提供平台支撑，实现电网地质灾害监测预警防治的科学化、数字化、标准化和可视化，减少和防范线路故障，有效增强电网系统应对各种地质灾害的能力，降低地质灾害造成的损失，提高线路安全稳定运行水平。

2.1.1.5 基建现场应急通信

电力业务覆盖范围内存在部分不具备稳定通信条件的区域，在基建现场安装北斗通信终端，为施工班组配备移动终端（如图 2-6 所示），能够通过北斗短报文通信实现紧急区域与外界的联系，并及时报告位置信息，全面提高应对突发事件的处理能力，为施工现场的通信提供保障。

北斗智能手持终端　　　　北斗短报文通信终端　　　　　北斗指挥机

图 2-6　通过北斗实现现场应急通信

2.1.2　北斗在运检业务的应用

电力运检业务是指对变电站、换流站、输配电线路等电力设备进行运维和检修的业务，人工进行电力运检工作效率不佳，且常有漏报、误报的安全风险，通过利用北斗系统的定位、授时、短报文等功能，建设智能运检装置，能够解放电网运检人力，提高运维效率，有效保障电网的安全、稳定运行。

2.1.2.1　输电线路杆塔倾斜监测

在自然环境和外界条件的作用下，输电线路杆塔基础时常会发生滑移、倾斜、沉降、开裂等现象，从而引起杆塔的变形、杆塔倾斜、甚至倒塔断线，这将对电力系统的安全运行造成严重威胁，且这些地区大多山高坡陡，交通和通信相对滞后，如何解决电力线路的日常监测成为困扰电力行业的一个重大难题。

传统杆塔监测存在电力杆塔人工巡检效率低、无法自动化采集、复巡周期长无法全天候监测、缺乏智能化预警及统计分析功能、数据欠准确等问题，利用北斗定位技术，结合形变监测终端，可以实现铁塔倾斜的自动监测，能够对杆塔进行全天候的在线监测。通过分析监控数据，可以预判杆塔形变，辅助巡检，减少安全事故。还能够协助检修部门查找杆塔故障点，指导检修和维护，保证电网安全运行。

杆塔倾斜姿态监测预警系统能够实现输电线路导线全天候、全天时、自动化监测，具备智能数据分析功能，基于不同区域、不同导线型号及输电通道环境，科学预测导线位置、姿态形变，提高微气象区、易舞区、高温区等重点区域、重点线路的监测效率和预警能力，有效降低人工巡查成本，为应急救灾方案制订提供数据支持，进一步提高重要输电线路上导线运行维护效率和效益。该系统设备在已有线路及新建线路上进行简单安装后即可发挥作用，成本低，成效大，可有效加强运检工作智能化、集约化，实现精益化的科学管理。

杆塔倾斜监测终端安装在输电杆塔三分之二处，可精确定位杆塔位置，实时监测塔尖摆幅、摆频与风偏，实时监测塔身倾斜角度。这些数据可通过公网无线回传到综合服务平台，如无公网覆盖，可利用北斗短报文方式实现数据回传，如图 2-7 所示。

图 2-7　输电线路杆塔倾斜监测示意图

2.1.2.2　输电线路地质灾害监测

地质灾害监测预警存在预防难、危害大、救援难、治理难等困难。与传统观测手段相比，卫星观测具有巨大优势。目前，北斗地基增强系统已具备在全国范围内，提供实时米级、分米级、厘米级，后处理毫米级高精度定位的基本服务能力。基于北斗卫星导航技术，以电网基础设施及周边地质灾变体（滑坡、泥石流等）为对象，利用云、大、物、移等手段，能够建设一套输电线路地质灾害监测预警系统，实现远程监测、区域预警、灾情上报及信息发布等功能，形成监测网管理、高精度监控、多途径告警（自动设置阈值，三级预警）体系。

基于北斗的地质灾害监测系统特别适用于特高压电网等大范围配置、远距离输电的电网形态。通过北斗地基增强系统，在地质稳定区建立北斗基准站，对杆塔的位移、沉降、倾斜、变形等状态进行实时高精度监测，能够实现故障及时告警的功能。其中，定位功能主要用于位移监测，短报文功能主要用于无公网地区的数据传输。

2.1.2.3　输电线路舞动监测与预警

输电线路的防舞动工作是中国输电线路防灾减灾的重点之一。线路风偏舞动监测预警系统利用北斗智能间隔棒对输电线路导线舞动状态及其周围微气象信息的全面感知，获取导线的实时健康状况。在传统间隔棒基础上，结合北斗高精度定位模块，基于历史数据，利用差分解算方法对导线风偏位移数据进行综合分析，发现其中存在的风偏、舞动等安全隐患，并在无公网区域借助北斗短报文进行及时告警。通过对输电线路风偏和舞动情况的实时监测，提高输电线路智能监控水平，提升巡检作业效率，保障输电线路的安全性和可靠性。输电线路舞动监测装置如图 2-8 所示。

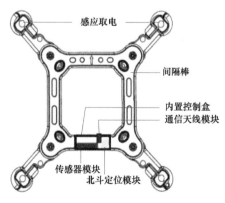

图 2-8　输电线路舞动监测装置

输电线路舞动监测装置通过北斗卫星定期获取高精度定位信息，通过对比历史数据判断线路舞动情况。数据可通过电力无线专网经过公网和安全接入平台回传至处理平台，在无公网地区可通过北斗短报文通信将数据发送至北斗指挥机，再通过前置终端和安全接入平台回传到处理平台，完成输电线路舞动的监控业务。输电线路舞动监测与预警示意图如图 2-9 所示。

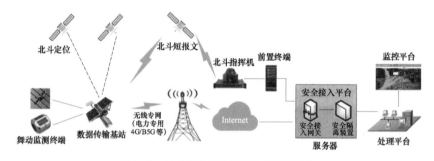

图 2-9　输电线路舞动监测与预警示意图

2.1.2.4　输电线路无人机智能巡检

目前输电线路无人机巡检作业过程中存在的作业时间短、控制精度不足等问题。利用北斗的高精度定位和无人机技术，建设无人机智能巡检系统，实现高精度、长距离、大面积、多架次的无人机编队巡检作业，大幅度提升无人机巡检作业效率和安全可靠性。

在无人机巡检业务中，一键起飞降落功能、自动路线规划、自动规避障碍物等技术能够有效提高无人机可操作性与巡检效率。拥有无人机自动充电、回传数据智能化存储和处理的智能化充电平台，可以解决续航能力不足、巡检范围有限的问题。同时无人机应具备抗 7 级大风、防中雨、携带不同检测设备的能力，以提高无人机实际利用率。

基于电力北斗精准服务网的高精度定位无人机自主巡检系统，以无人机的厘米级定位为基础，对无人机巡检业务作业流程进行标准化，实现对无人机巡检业务进行全周期管理，并结合人工智能技术对巡检结果进行高效处理，大大提升无人机巡检的实际效果。

无人机搭载北斗定位模块和惯性导航系统，可获取位置信息，进行无人机精确定点定位并沿着预设路径飞行。无人机基于北斗地基增强系统，利用北斗定位差分技术，可提高无人机定位精度与飞行稳定性。巡检无人机通过北斗精准服务网获得差分改正数，由 RTK 模块进行高精度位置解算，实现厘米级定位。后台管控系统经过计划智能编排、程序分析及人工审核后自动生成人机协同巡检计划，下发给无人机，使其按计划开展巡检工作。巡检无人机利用飞行器搭载可见光摄影、红外测温以及激光扫描设备，飞行至杆塔、线路本体附近进行巡查，将采集到的位置、姿态、视频及图像信息通过 4G/5G 网络发给后台管控系统。后台管控系统通过大数据分析及 AI 缺陷识别技术对巡检无人机采集结果进行分析，得出巡检分析报告，实现高效率的无人机自动巡检。输电线路无人机智能巡检示意图如图 2-10 所示。

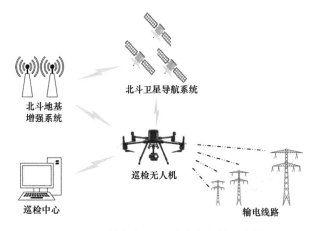

图 2-10　输电线路无人机智能巡检示意图

2.1.2.5　输电线路故障诊断

　　针对分布式故障测距方法中的折反射信号的识别、行波信号奇异点确定、雷击干扰的辨识和定位、北斗定位与授时、太阳能和感应取电、强电磁场中的无线通信等关键问题，根据一种全新的分布式故障测距方法，可以实现新一代输电线路故障精确定位。该输电线路故障精确定位系统不仅具有故障判断准确、故障定位精度高的技术优势，还可以针对各种线路情况提供相应的硬件设备和解决方案。线路故障诊断架构如图 2-11 所示。

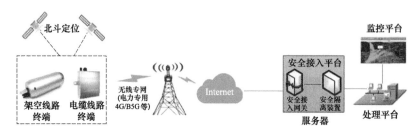

图 2-11　线路故障诊断架构

系统架空线路终端应用于 35~1000kV 电压等级架空输电线路，主要实现故障精准定位与故障识别功能，拥有小于 100m 的故障定位精度，适用于断线、短路、接地等故障，用于双端架空线路、双端电缆线路、架空和电缆混合线路、T 接型线路等线路结构。电缆线路终端应用于 35~500kV 电压等级电缆线路，主要实现电缆线路故障精准定位与故障识别功能，拥有小于 5m 的故障定位精度，适用于断线、短路、接地等故障，其核心技术有 FPGA 高速采样、高精度同步时钟、信号相位误差精确补偿等。

2.1.2.6　变电站人员作业行为与安全管控系统

现有变电站日常人工巡检、操作和检修作业过程中，由于缺乏有效的智能化管理手段，往往存在权限管控精细化程度不足、人员安全监管程度低、人员作业任务执行情况管控不到位等问题。针对这些问题，利用北斗高精度定位技术，搭建室内外高精度定位环境，结合电子围栏和智能视频分析等技术，实现对人员作业过程的全程管控和安全报警。在人员执行作业任务时，通过集成有高精度定位模块和生命体征监测模块的北斗智能手环，实时监控人员作业路径，并利用电子围栏技术对危险区域进行及时告警，对作业人员生命体征进行监控和告警，保障作业过程人员和设备安全。同时全程监控人员作业任务落实情况，确保作业任务全面落实到位。通过视频数据和位置信息结合，利用深度学习技术，能够实现位置和视频的实时联动，并开展人员作业行为规范性监控，为后续非规范行为警示提供历史追踪数据。通过这些方式，最终实现变电站作业人员权限的精细化控制、作业过程全程跟踪、作业人员安全的全程把控，大幅提升变电站人员巡视、操作和检修工作精细化管控水平。变电站人员作业行为与安全管控系统的体系架构如图 2-12 所示。

基于北斗的高精度定位变电站智能管理系统能够在变电站三维数字化模型的基础上，实现安全管理、移动化巡检管理、可视化态势监控、系统权限管理等功能，能够实现对变电站人、车、物巡检安全和权限的精细管控。

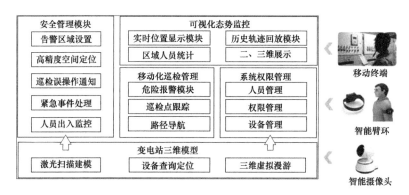

图 2-12　变电站人员作业行为与安全管控系统的体系架构

2.1.2.7　智能配网故障感知及应急抢修

针对现有配网馈线终端设备（Feeder Terminal Unit，FTU）设备定位不准、对时和授时精度较差造成故障定位精度低问题，将北斗卫星系统和智能配电网建设进行有机结合，可以实现配电网遥测、遥信、配电故障检测、北斗卫星授时与定位、北斗短报文通信功能，为配电网自动化系统赋予时空属性，实现精准时间源、精确定位，更好地辅助配电网智能化运检体系建设。

智能配网故障感知及应急抢修系统如图 2-13 所示，其终端支持本地馈线自动化终端功能、支持北斗短报文功能、支持北斗授时、定位功能、支持数据加密解密功能。系统后台具备用于明确设备位置台账信息的卫星精确授时功能，采用北斗网格码精准标记位置信息的卫星精准定位功能，解决无公网覆盖地区 FTU 通信问题的北斗短报文通信，同时能够结合 GIS 地图为配电抢修提供直观位置坐标展示和导航路径规划，大幅缩短故障查找时间，提高配电抢修效率。

图 2-13　智能配网故障感知及应急抢修系统

2.1.3　北斗在营配贯通业务的应用

电力营配贯通业务是基于 GIS 营配数据集成平台，对营销业务应用系统、生产管理信息系统及电网地理空间信息服务平台数据进行集成管理。通过将生产数据与营销客户数据全面对应与共享，利用应用集成及图形化展现的方式，可以达到营配数据、业务的贯通，实现故障定位、停电范围分析、线损统计、业扩报装等业务。

在利用北斗系统获得基础空间数据信息的基础上，建立统一集约的营销作业辅助终端，能够实现营配贯通统一维护的功能。当作业人员不熟悉工作区域时，利用具备北斗高精度定位功能的营销作业终端系统，可以实现作业设备的高精度定位，并将作业人员导航至作业设备，提高作业效率。

通过研发移动作业终端，完善 GIS 平台、电力管理系统（Power Management System，PMS）、营销系统功能，提供核查成果录入展现工具，提供 GIS 数据读取、营销数据读取、GIS 数据删除、PMS 数据删除、GIS 图形沿布、GIS 图形回写、PMS 台账回写、营销箱户变关系回写、PMS 台账补录等服务，能够打通系统间壁垒，形成营配数据核查规范，线上营配贯通完整流程实现，克服 GIS 绘图繁琐、系统间频繁切换、操作繁琐等缺点，最终实现营配核查工作的移动化、智能化、简单化。营配贯通统一维护系统示意图如图 2-14 所示。

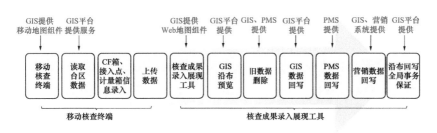

图 2-14 营配贯通统一维护系统示意图

2.1.3.1 移动采录终端

移动采录终端基于地图参考，可以结合移动端定位功能，实现低压设备（包括变压器低压侧、杆塔、计量箱及接入点等）位置采录功能，属性信息录入、编辑、删除功能，连线绘制、删除功能，支撑基层班组现场核查时的坐标便捷采集和电网拓扑关系的简单确认。终端通过安全接入平台将数据提交至后台端，实现图形自动沿布。移动采录终端实现功能示意图如图 2-15 所示。

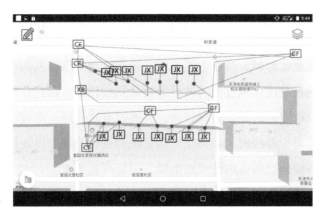

图 2-15 移动采录终端实现功能示意图

2.1.3.2　GIS 图形自动沿布

解析前台数据核查的录入数据，分析设备出线点，结合建筑物、道路等矢量地图数据，能够在保持美观、合理的基础上，实现电缆、架空、混合三种线路类型的低压台区设备图形属性自动维护、拓扑关联、站房自动布局及线路自动布局，减少人工图纸维护工作量。

2.1.3.3　PMS 台账补录

在简化流程的基础上，通过批量导出台区的设备清单，采用 Excel 方式批量维护 PMS 专业台账，实现 PMS 基础台账的自动生成和专业台账的表格维护和模板化导入。

2.1.4　北斗在调度业务的应用

电力调度是保证电网安全稳定运行、对外可靠供电、各类电力生产工作有序进行而采用的一种有效的管理手段。电力调度的具体工作内容是依据各类信息采集设备反馈回来的数据以及监控人员提供的信息，结合电网实际运行参数（电压、电流、频率、负荷等），综合考虑各项生产工作开展情况，对电网安全、经济运行状态进行判断，通过电话或自动系统发布操作指令，指挥现场操作人员或自动控制系统进行调整，如调整发电机出力、调整负荷分布、投切电容器、电抗器等，从而确保电网持续安全稳定运行。

在调度业务领域，当前智能电网、特高压超高压电网的建设对电网时间同步的精准度正从过去的微秒级提升到纳秒级，因此必须为电力系统配置安全稳定的高精度授时设备，并通过直连光纤、电缆或以太网络等为电力用时设备授时。如果在传输系统和接收系统间出现授时错误，高压电流将瞬间烧毁变电站或输电线，引发严重灾害。

北斗系统可提供高精度的时间基准，满足电网对高精度时间同步需求，打破长期对 GPS 系统的依赖，实现时空服务关键领域自主可控，避免因 GPS 系统不可用造成的巨大损失，保障电网安全稳定运行。

2.1.5　北斗在应急业务的应用

电力应急管理是指针对电力突发事件所做的各项措施，主要包括：①电力突发事件后，政府、电力部门等及时查清事故原因并科学预估将会带来的损失，执行快速恢复供电等一系列措施；②突发事件后，在仔细分析事故前因后果及处理措施的优缺点的基础上，对今后可能出现的突发事件进行预警，提出最佳解决方案。

为提高电网应对各种突发事件的处置能力，电网公司会提前制定各类应急方案，其中应急通信体系建设是重要的一环。在电力应急抢修车辆上安装北斗卫星数据接收机和发射机，相关车辆的实时位置信息就能自动传输到电力应急指挥中心，用于应急指挥调度和决策的支撑。同时，基于北斗卫星导航系统所独有的短报文通信功能，通过卫星导航终端设备的定位及数据处理，可及时报告所处位置和故障情况，确保应急抢修的时效性。

应用北斗的电网灾害监测预警与应急指挥管理系统架构如图 2-16 所示。

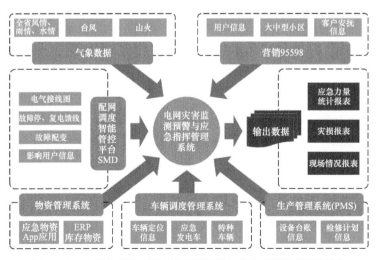

图 2-16　应用北斗的电网灾害监测预警与应急指挥管理系统架构

2　电力北斗综合应用方案

71

　　北斗系统在电网灾害监测与应急指挥系统不仅让省—市—县三级应急指挥中心指挥决策人员知道"发生了什么事情",还能提供"发生在哪里"和"发生具体时间",结合应急指挥系统从各业务部门成熟应用的信息系统中收集气象信息、电网停复电信息、现场灾损、用户属性以及应急抢修队伍、物资、车辆、设备的调配信息等数据,以应急管理的视角进行数据融合和组织,生成直观图表,集中显示在公司应急指挥中心的大屏上,为公司应急领导小组的指挥决策提供数据支撑。多级应级体系如图 2-17 所示。

　　现场抢修队伍使用基于北斗定位和短报文功能的应急指挥终端及软件,调度信息可从内网实时穿透至抢修现场手机上,实现现场灾损勘察、跨区队伍调派、物资需求实时上报,不依赖现场运营商信号。

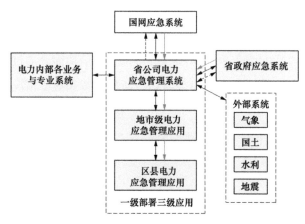

图 2-17　多级应急体系

　　电力应急通信系统在应对自然灾害、处置突发事件、保障重大活动中发挥着重要作用。系统采用应急通信车和便携站,可以机动灵活地抵达应急现场,通过卫星通信地球站宽带卫星和应急指挥中心建立通信,实现召开视频会议、语音通信、图像实时传输和现场指挥的功能。在远离通信车时,可使用北斗手持机通过短报文联络、发送位置等。电力应急通信系统架构如图 2-18 所示。

　　以往电网作业人员在遇到危险时没有手段向外发出求救信号。由于

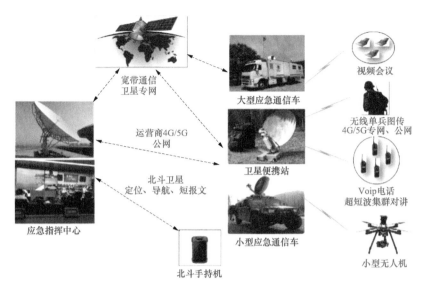

宽带通信
卫星专网

大型应急通信车

视频会议

无线单兵图传
4G/5G专网、公网

运营商4G/5G
公网

卫星便携站

Voip电话
超短波集群对讲

北斗卫星
定位、导航、短报文

应急指挥中心

北斗手持机

小型应急通信车

小型无人机

图 2-18　电力应急通信系统架构

不能准确获知人员位置，就无法组织搜索救援行动。利用 6 颗北斗卫星
装载的搜救载荷，作业人员可以通过 406MHz 频率向北斗卫星发送报
警信息，其穿透性好，延迟低，1s 内即可完成报警信息送达，还可通
过 121.5MHz 频率同步广播式发送报警信息，以便救援队伍在遇险对象
附近区域进行准确搜寻。该北斗电力应急终端能够让指挥中心在第一时
间获知人员准确定位，有效避免因等待救援造成的人员伤亡，显著提升
搜索救援能力。新旧电力应急通信系统对比如图 2-19 所示。

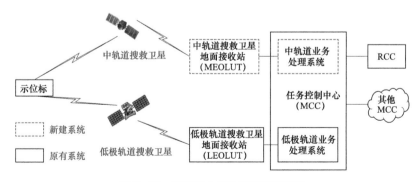

中轨道搜救卫星

中轨道搜救卫星
地面接收站
（MEOLUT）

中轨道业务
处理系统

RCC

示位标

任务控制中心
（MCC）

其他
MCC

新建系统

低极轨道搜救卫星
地面接收站
（LEOLUT）

低极轨道业务
处理系统

原有系统

低极轨道搜救卫星

图 2-19　新旧电力应急通信系统对比

2.2 北斗定位应用

2.2.1 电力北斗定位系统

电力北斗定位系统由北斗基准站和北斗服务平台组成，可为车载定位终端、智能移动作业终端、电力巡检无人机、线路舞动监测终端等北斗终端提供统一的实时动态精准定位服务（米级、分米级、厘米级）和后处理解算（毫米级）等高精度位置服务。

2.2.1.1 北斗地基增强系统基准站

北斗地基增强系统基准站是电力北斗精准服务体系的重要基础设施，其通过高精度天线接收北斗卫星信号，将卫星观测数据传输至卫星接收机，并通过电力信息内网传回到北斗平台，提供原始观测数据，支撑北斗平台分析解算，形成差分数据播发网格。

某地电力北斗综合服务平台基准站拓扑图如图 2-20 所示。

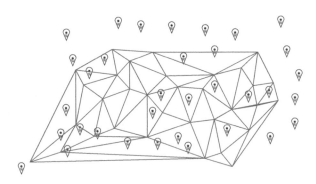

图 2-20 某地电力北斗综合服务平台基准站拓扑图

2.2.1.2 电力北斗综合服务平台

电力北斗综合服务平台根据北斗地基增强系统基准站提供的数据建立一套独立的解算引擎，为用户提供精准位置服务，实现数据梳理，保障位置、短报文数据的有效应用，同时实现北斗终端设备的接入、运维和运营管理，可在管理信息和互联网大区部署。

北斗综合服务平台整体架构图如图 2-21 所示。

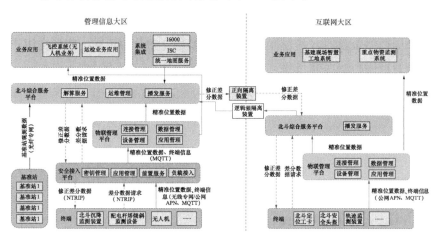

图 2-21 北斗综合服务平台整体架构图

电力北斗综合服务平台总体分为解算服务、播发服务、运维管理三类一级业务，涵盖基准站数据处理、基准站数据分析、数据预处理、基准站及观测站解算、精准位置网运维及统计、账号权限管理、数据播发等日常业务，业务架构图如图 2-22 所示。

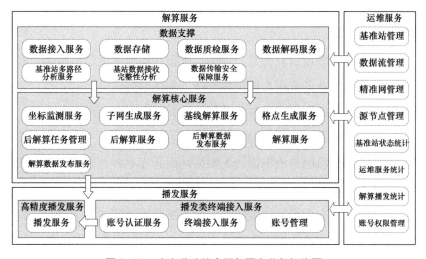

图 2-22 电力北斗综合服务平台业务架构图

解算服务：可以结合不同应用场景需求，利用北斗精准位置网观测数据，实现精准位置解算。提供终端侧实时计算的三角网数据，也可以实现平台侧分析计算的三角网数据和终端侧观测数据的分析计算。

播发服务：接收平台解算模块精准解算得到的三角网数据以及用户发来的粗略位置值，并进行计算，返回给用户差分改正数，实现向用户提供差分定位服务的功能。

运维管理：建立精准网数据台账和北斗设备运维台账，监控精准网及设备的运行状态。通过创建运维工单的方式，对异常运行的基准站及设备进行运维，并保留运维记录。

2.2.1.3　电力北斗综合服务平台定位（RTK）模式

1. 终端侧实时动态精准定位

北斗终端通过接收北斗服务平台的播发数据，解算坐标信息，主要用于人员定位、实时导航、无人机等，实现步骤如下：

（1）终端侧通过无线公网向平台按需实时上报含初始坐标值的精准定位请求。

（2）平台侧将解算服务模块提供的三角网数据发给播发服务模块，播发服务根据获得的三角网数据以及用户的粗略位置值，将其差分修正数据返回给终端。

（3）终端根据接收到的差分数据，修正初始坐标值得出精确坐标。

（4）终端向业务应用上报精确坐标，实现差分定位。

终端侧实时动态精准定位服务架构图如图 2-23 所示。

2. 平台侧后处理解算定位

（1）终端侧以固定周期通过无线公网向北斗平台上报含星历等数据的原始观测值。

（2）北斗平台侧根据终端侧上传的卫星观测数据以及基准站三角网数据，通过平台中的数据解算模块进行高精度位置计算，从而得到解算后观测站精准位置数据。

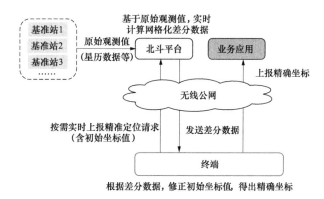

图 2-23　终端侧实时动态精准定位服务架构图

（3）北斗平台向业务应用上报精确坐标。

平台侧后处理解算定位模式架构图如图 2-24 所示。

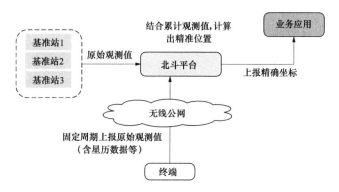

图 2-24　平台侧后处理解算定位模式架构图

2.2.1.4　电力北斗定位系统定位精度

在北斗地基增强系统基准站部署地选取 70 余处测试点，通过比对测绘局 CORS 系统定位结果，验证电力北斗系统的实际定位精度。结果表明电力北斗定位系统在部署范围内的定位精度平均水平符合预期，水平定位误差小于 4cm，高程误差小于 8cm。

2.2.2 输电线路无人机智能巡检

无人机巡检移动作业管控基于北斗高精度定位技术，通过无人机机载定位终端，实时获取无人机巡检精准位置信息，结合三维 GIS、电子围栏等技术，搭建无人机巡检移动作业综合管控平台，对输电线路巡检无人机进行全方位管控。通过实现巡检线路的三维场景构建、无人机设备状态监控、飞行作业计划编制及下达，管控飞行作业过程的执行情况、实时定位无人机位置，对巡检数据进行处理，保障电力设备的安全。通过无人机搭载的检测设备获取的监测数据，对不同输电线路缺陷进行研判和统计分析，能够为后续巡检任务精细化决策提供数据支撑，全方位提高巡检效率与巡检安全管控能力，大幅度提升无人机巡检应用范围。

输电线路巡检无人机操作模式如图 2-25 所示。

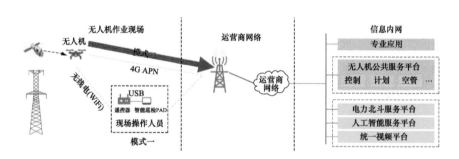

图 2-25　输电线路巡检无人机操作模式

将现有无人机由原先的 GPS 定位切换至电力北斗高精度定位，测试结果显示无人机巡检水平误差优于 3cm，高程误差优于 5cm，显著提高了运检专业检修效率。

电力北斗巡检无人机实现方法如图 2-26 所示。

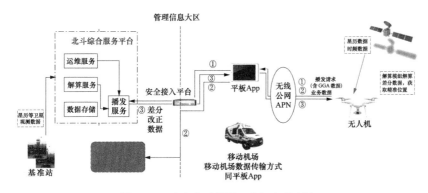

图 2-26　电力北斗巡检无人机实现方法

2.2.3　智能移动作业终端

按照现有终端设备外形，定制具备高精度定位功能的背夹，背夹包含北斗高精度定位芯片、高性能卫星天线、通信模块、锂电池等模块，具备北斗高精度定位功能及蓝牙通信功能，背夹获取高精度定位数据后将位置数据通过蓝牙同步至移动终端设备，实现终端设备的高精度定位。

电力北斗移动作业终端实现方式如图 2-27 所示。

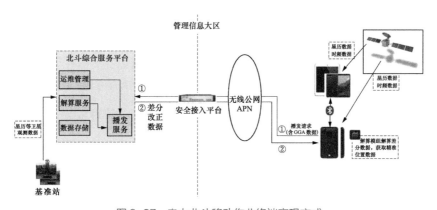

图 2-27　电力北斗移动作业终端实现方式

以北斗卫星定位技术与超宽带（Ultra Wide Band，UWB）室内定位技术为依托，通过定位终端硬件设备和网络通信平台，实时回传数据至室内外一体化定位平台。为工作人员配备具有定位功能和预警功能的室内外一体化定位终端。在三维可视化场景中，人员终端在室外时，接收北斗地基增强系统的差分信号进行定位解算，并获得优于 20cm 的高精度定位。当人员进入室内后与室内 UWB 定位基站进行数据交互和测距，通过先进算法实现室内优于 30cm 的高精度定位。管理后台对接收到的信号进行存储和处理，从而达到人员作业安全管控的目的。该平台能够实现下列功能：

（1）室内定位：系统通过室内定位引擎，提供室内厘米级别定位服务，并提供多维定位。

（2）终端设备管理：系统提供室内定位终端设备管理功能，记录终端的信息，包括卡号、电量和映射 ID，并实现增删改查操作。

（3）终端实时跟踪：统计人员位置和分布热度图，随时随地掌握人员动态，便于实现人员管理。通过对员工行为的监管，使员工形成良好的作业习惯，减少"三违"情况。

（4）终端轨迹管理：存储人员终端运动轨迹，为事件处理提供决策依据。可按人员或区域回放指定时间段内的人员运动轨迹。实现在平面地图上回放终端历史数据。

（5）终端统计：统计终端各个历史时间段的在线、位置信息。

（6）室内定位基站管理：系统通过室内定位基站管理，可实时监测室内定位基站状态，实现室内定位基站的增删改查。

（7）电子围栏：实现区域的进入权限管理，确保有权限人员才能进入相关区域，无权限人员进入则进行告警。通过围栏管理限制进出，实现安全生产。

（8）终端告警管理：分配区域访问权限，显示所有越界、区域消失、区域聚众、区域不动、区域超时、靠近危险源、离开监护组、陪同、离群、强拆和跌倒的告警信息。如果人员终端违规进入无权限区域，系统后台实时告警。当发生警示信息的报警楼层存在摄像头设备时，可实时显示监控视频。系统能够记录终端人员告警信息，可以根据时间、内容和状态进行查询告警信息；可以对告警信息进行处理标记，并添加备注等。

（9）室内地图展绘：发布室内 2D、3D 地图，在室内地图上展绘人员终端的分布，实时展示人员终端及终端详细信息功能。

（10）行为监测：对区域内实施各种行为监测，包括超时监测、聚众监测、不动监测等，全方位智能化管理，提高管理质量，及时响应救援，保障员工人身安全。

2.3 北斗短报文业务应用

北斗短报文通信服务包括新建短报文服务、短报文服务监控、短报文服务报告和短报文数据报告等功能，能够辅助提高无公网覆盖区域的通信能力和业务水平。

北斗三号卫星导航系统是中国新一代的北斗卫星导航系统，其新增了 B1C、B2a 信号频点，将北斗短报文服务性能提升，单条短报文容量由 78byte 提升到 1000byte，用户发射功率降低 10%，并能同时支持手机应用。

现阶段已有成果均基于北斗二号短报文功能实现，因此本节主要介绍容量为 78byte 的以北斗二号短报文提供的业务应用。

2.3.1 北斗短报文通信技术简介

目前，北斗短报文通信已在森林防火、海洋渔业、气象监测、应急指挥等众多领域广泛应用，提供了巨大社会与经济价值。北斗短报文通信链路图如图 2-28 所示。北斗用户机中安装有北斗 IC 卡，北斗 IC 卡的卡号即用户机的地址，具有唯一性。

北斗用户机 A 的扩频调制方式为码分多址直接序列，扩频伪码为周期性伪随机码序列，北斗用户机 A 以 L 波段频率发送通信申请（包

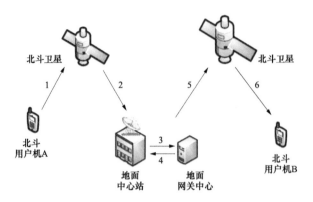

图 2-28 北斗短报文通信链路图

含发信方地址和收信方地址）至北斗卫星；北斗卫星将信号转换为 C 波段后转发给地面中心站；地面中心站接收到通信申请后，地面网关中心执行解密和再加密等操作，并由地面中心站广播该信号；北斗卫星再次接收到该信号后，将信号转换为 S 波段并广播给北斗用户机 B；北斗用户机 B 解调解密信号，至此完成了一次北斗用户机间的点对点通信。

北斗短报文通信技术具有以下优点：

（1）覆盖面积广。北斗系统已经实现服务于全球用户的定位与通信功能。

（2）保密性强。中国具有北斗系统的自主知识产权，对北斗系统的使用不受国外势力的影响，在任何时候都能确保通信的安全性和保密性。

（3）抗干扰能力强。北斗卫星信号采用 L/S 波段，雨衰影响小；采用码分多址扩频技术，有效减少了码间干扰。

（4）通信可靠性高。数据误码率 $<10^{-5}$，系统阻塞率 $<10^{-3}$。

（5）响应速度快。点对点通信时延约为 1~5s。

同时，北斗短报文具有以下通信限制：

（1）服务频度有限。北斗 IC 卡决定了用户机的服务频度，民用北斗 IC 卡的服务频度通常为 60s/ 次，即用户机连续发送通信申请的时间间隔至少为 60s，否则信息发送失败；接收数据的服务频度无限制。

（2）单次通信容量有限。北斗 IC 卡同时决定了单次通信报文的长度，民用北斗 IC 卡的报文长度通常为 78.5byte，即当发送数据超过 78.5byte 时，78.5byte 之后的数据将发送失败。

（3）民用北斗通信链路没有通信回执。北斗用户机 A 在发送消息后，不能确定该消息是否被北斗用户机 B 成功接收。

虽然具有以上通信限制，北斗短报文通信技术仍然在很多领域拥有重要的应用价值，例如在自然灾害频发的地域，北斗短报文通信是一种有效的应急通信方案。由于地面无线通信网络的实现需要架设足够多的地面基站，而地面基站等基础通信设施很容易被地震、滑坡、泥石流、台风、洪水等灾害破坏。北斗短报文通信基本上不会受自然灾害的影响，在发生自然灾害时依然可以保证通信的可靠性。

另外，在偏远地区或极端地形，如山谷、陡坡、森林、沙漠、海洋等，北斗短报文通信是一种较低成本的偏远地区通信解决方案。在这些地区，无线通信基站或光纤等有线线路的建设和维护成本都是十分高昂的，并且需要耗费大量的人力、物力和财力。北斗系统具有覆盖范围广的特点，完全可以覆盖到这些极端地形，并且设备价格低廉。

2.3.2 通信规约转换

2.3.2.1 主站通信协议

在企业标准中，主站通信协议的帧结构有具体要求，以 Q/GDW 376.1—2012《电力用户用电信息采集系统通信协议第一部分：主站与采集终端通信协议》为例，其第 4 节给出了主站与电能采集终端之间的通信帧格式，如图 2-29 所示。帧的基本单元为 8bit 的字节，在链路层中进行传输时，低比特位在前、高比特位在后；低字节在前、高字节在后。

由于单次通信的北斗短报文长度有限，不得超过 78.5Byte，超出部分将发生数据丢失，因此，识别被上传数据帧的长度是非常必要的。图 2-29 所示的帧格式中，"长度 L"重复出现了 2 次，其原因为：①上述企业标准 4.3.2 中规定了主站接收到数据帧后对其进行校验的方法，

2 电力北斗综合应用方案

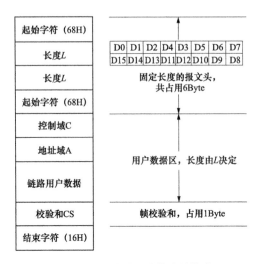

图 2-29　主站通信协议帧格式

其中一项为"识别并比较 2 个长度 L",以降低主站接收出错数据帧的概率,若检验失败,则放弃此帧;②减小误判"固定长度的报文头"的可能性,显然报文头的"固定长度"越长,在数据域中出现与报文头格式相同的数据段的可能性便越小。"长度 L"由 2Byte(D0~D15)组成,包括协议标识(由 D0~D1 编码表示)和用户数据长度(用符号 L_1 表示,由 D2~D15 组成,采用 BIN 编码)。用户数据长度 L_1 为控制域 C、地址域 A 和链路用户数据的字节总数;每帧数据的总长度为(L_1+8)Byte。

2.3.2.2　北斗短报文通信协议

中国卫星导航系统管理办公室颁布的《北斗一号用户机数据接口要求》规定了北斗 RDSS 通信模块的数据传输基本格式,如图 2-30 所示。

指令 (ASCII码)	长度 (16bit)	用户地址 (24bit)	信息内容 (最长为1736bit)	校验和 (8bit)

图 2-30　北斗 RDSS 模块的数据传输基本格式

"指令"揭示了所传输数据的内容,用 ASCII 码表示,每个 ASCII 码占用 1Byte,例如 $TXSQ 表示外设向北斗 RDSS 模块发出了通信申请;$TXXX 表示北斗 RDSS 模块收到了其他北斗 RDSS 终端发来的信息。

"长度"指当前所发送报文的长度,即从"指令"的起始符$开始至"校验和"(包含校验和)的字节总数。

"用户地址"即本机地址,也就是与北斗RDSS模块相连接的北斗IC卡的卡号,该地址在北斗短报文通信系统中具有唯一性,用来识别北斗用户的身份。

"信息内容"中包含了北斗短报文所要传输的信息,不同的"指令"下,"信息内容"中包含不同的参数项;"信息内容"以整字节为单位进行传输,多字节的信息先传高字节再传低字节。

"校验和"是从"指令"的起始符$开始至"校验和"的前一字节按字节进行异或的结果,用于校验经北斗通信链路传输后的报文数据是否发生改变。

北斗短报文通信协议中的"指令"有多种,在用电信息采集系统中用到的"指令"主要有:单片机向北斗RDSS模块发出的通信申请$TXSQ、北斗RDSS模块向单片机输出的通信信息$TXXX,其数据传输格式如图2-31所示。

指令	长度	本机地址	信息内容						校验和
$TXSQ	16bit	24bit	信息类别 8bit	收信方地址 24bit	电文长度 16bit	是否应答 8bit	电文内容 最长1680bit		8bit
$TXXX	16bit	24bit	信息类别 8bit	发信方地址 24bit	发信时间 H8bit M8bit	电文长度 16bit	电文内容 最长1680bit	CRC标志 8bit	8bit

图2-31 指令$TXSQ和$TXXX的数据传输格式

2.3.2.3 规约转换

在基于北斗短报文通信的用电信息采集系统中,为了能够实现居民用电信息在北斗通信链路中的传输,且被用电信息采集系统主站正确识别与接收,需要将从集中器中获取的遵循企业标准的用电信息封装在北斗短报文的通信申请($TXSQ)指令中,然后再将信息发送到北斗通信链路中;从接收到的通信信息($TXXX)指令中,剔除北斗短报文通信协议帧格式,即解封装,得到遵循企业标准的原用电信息。

2.3.3 长报文可靠性传输案例

2.3.3.1 长报文"拆包"和"组包"协议

北斗短报文单次通信容量有限，民用北斗 IC 卡单次通信报文长度不得超过 78.5Byte。然而，在用电信息采集系统中，所采集的用电信息可能会大于 78.5Byte，因此，需要将长报文（指长度 L 大于 78.5Byte 的用电信息）拆包成长度不超过 78.5Byte 的若干子包，然后依次对子包进行发送，如图 2-32 所示。

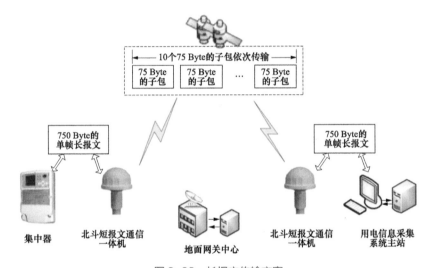

图 2-32　长报文传输方案

考虑到需要在接收端"组包"还原原长报文，因此需要约定长报文"拆包"协议，以便在接收端对若干个子包进行重组。可约定的子包长度最大为 75Byte。北斗短报文通信一体机可以对超过 75Byte 的用电信息进行"拆包"并添加"子包包头"，子包包头包括任务号子包总数、子包序号等信息。

2.3.3.2 长报文"补包"协议

电力北斗短报文数据发送流程如图 2-33 所示，发送端将大于 75Byte 的长报文拆分成为若干子包，并在子包全部发送完毕后，开启

"等待时间（WaitTime）"。在"最大等待时间（WaitTimeMax）"内，如果发送端没有接收到接收端的任何反馈信息，则发送端认为接收端已成功将所有子包全部正确接收，发送端将继续读取内存中的下一组用电数据进行发送。如果在"最大等待时间"内，接收端接收到了发送端发送的"补包信息"，则"等待时间"计时归0，接收端将根据"补包信息"中携带的子包序号，依次重新发送这些丢失的子包。待对丢失的子包发送完毕后，WaitTime计时重新开始。这一过程被称为基于等待超时机制的"补包"操作。

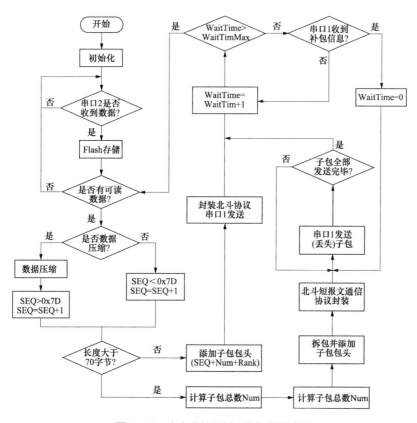

图2-33 电力北斗长报文数据发送流程

北斗短报文通信的数据接收流程如图2-34所示。接收机在首次接收到某SEQ下的子包后，"接收时间（RecTime）"开始计时。当"接收时间"超过"最大接收时间（RecTimeMax）"时，检查二维数据中存放的数据是否包含某 SEQ 下的所有子包。若子包全部存在，即某 SEQ 下的所有子包全部被成功接收，接下来则进行"组包"操作，此时接收端不会向发送端反馈任何信息。若二维数组中有某些序号的子包不存在，则认为这些序号的子包已丢失，接收端将向发送端反馈"补包信息"。

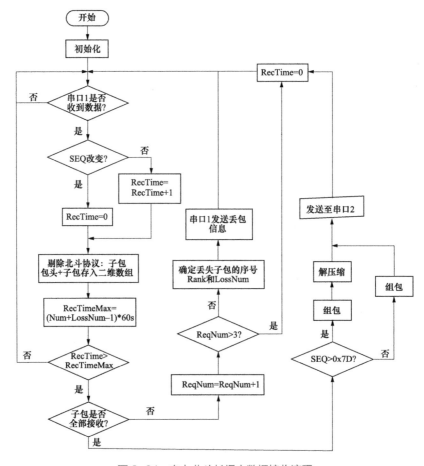

图 2-34　电力北斗长报文数据接收流程

2.3.4　基于北斗短报文通信的用电信息采集系统

北斗系统短报文服务覆盖范围广、无信号盲区，可作为光纤网络和无线公网等传统通信方式的补充和应急，解决无公网覆盖地区电量（用户用电量、小水电发电量）采集需求。

北斗短报文用电信息采集系统分为终端侧与主站侧。终端侧包括用电信息采集集中器与北斗数传终端（包括加密模块）；主站侧包括北斗指挥机、北斗安全接入网关、北斗前置机与用电信息采集主站。北斗三号相较北斗二号容量大，功率小，性能大幅提升，能够有效支持电能表数据采集。

系统内的主要模块及其功能包括：北斗数传终端部署于室外，负责将来自采集终端（用户用电量、小水电发电量）的业务数据根据业务需求进行裁剪后按照规约转换标准转换为北斗短报文帧格式，然后通过北斗卫星导航系统发送至北斗指挥机。北斗安全模块与北斗数传终端部署在一起，负责北斗短报文通信过程中的数据报文加密解密及鉴权。北斗指挥机部署于信息机房，负责接收北斗导航卫星的信号，接收北斗数传终端发送来的北斗短报文数据帧，将北斗数据帧交由北斗前置机进行处理，同时具备鉴权功能。北斗前置机部署于信息机房，负责业务数据临时存储及分发。北斗安全网关在现有安全接入平台基础上针对北斗短报文加密解密功能开发，部署于信息机房，负责北斗短报文接入时的加密解密及鉴权。

基于北斗（左）和基于公网通信（右侧）用电信息采集系统如图2-35所示。

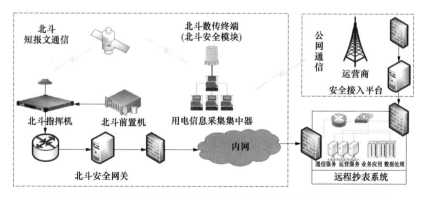

图 2-35　基于北斗（左）和基于公网通信（右侧）用电信息采集系统

2.4　北斗授时业务应用

目前中国在 500kV 及以上变电站、220kV 重要变电站、100MW 及以上的主力发电厂安装了近 3000 套同步相量测量装置（Phasor Measurement Unit，PMU）。以 PMU 为基础的广域相量测量系统（Wide Area Measurement System，WAMS）对提升电力系统动态安全稳定的监测与控制能力已得到广泛认可，成为电网监测与控制的有效手段。基于北斗同步时钟的 PMU 的同步相量数据，具有时间上同步、空间上广域的特点，其全网同步时间标签是根本特征，也是基于 PMU 的 WANS 的基本监视类、安全稳定分析类以及辨识类等高级应用功能得以实现的基础。分布式新能源发电、储能与电动汽车大量接入配电网，给配电网的运行与控制带来了更多的随机性与不确定性，在配电网安装基于高精度微型同步相量测量装置（Distribution-level Phasor Measurement Unit，DPMU）的广域量测系统成为应对这类挑战的有效途径之一。DPMU 通过测量配电网节点电压、电流等同步信息，为配电网提供精确同步时标的电力数据，进而服务于配电网实时监测、态势感知和故障分析处理。相比于在发电侧的 PMU，由于配电网量测精度需求高，可以充分发挥北斗系统的精密授时功能，满足 DPMU 对同步时钟的授时精度与守时能力的较高要求。DL/T 1283—2013《电力系统雷电定位监测系统技术规程》规定，雷电定位监测系统的时钟同步的精度要满足优于 0.1μs 的要求，相比于 DL/T 1100.1—2018《电力系统的时间同步系统》的要求，是所有电力应用中对时钟同步要求最高的。雷电定位系统一般同时使用定向法和时差法实现雷电定位。时钟同步的精度决定了定位精度。利用北斗高精度授时技术可以极大提高雷电定位系统时钟同步的精度。基于北斗的调度授时方案如图 2-36 所示。

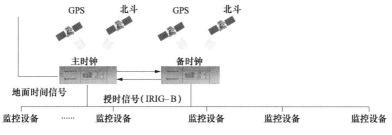

图 2-36 基于北斗的调度授时方案

2.4.1 电力业务时钟同步需求

随着电力系统规模的日益增大，电力系统的安全、稳定、可靠运行对时间的基准同一性、同步性及精度要求也在进一步提高，在电厂、变电站及调控中心等建立专用的时间同步系统已经显得十分迫切和必要。电网对时间同步的需求主要体现在电网调度、电网故障分析判断上，与电力生产直接相关的是实时控制领域，直接使用时间同步系统的是电力自动化设备（系统）。随着数字电网建设的加快，一些新型的实时监测控制系统，如电网预防控制在线预测系统广域测量系统、广域监测分析保护控制系统等，对时间同步的需求更为迫切。

电力自动化设备（系统）对时间同步精度有不同的等级要求，而不是通常所理解的精度越高越好。对时精度的提高需要付出相应的代价，因此没有必要盲目追求高精度。精度选择的原则是满足被授时设备本身的最小分辨率。电力系统被授时装置对时间同步准确度的要求大致分为以下 4 类：

（1）时间同步准确度不大于 1μs：包括线路行波故障测距装置、同步相量测量装置、雷电定位系统、电子式互感器的合并单元等。

（2）时间同步准确度不大于 1ms：包括故障录波器、事件顺序记录（Sequence Of Event，SOE）装置、电气测控单元/远程终端装置/保护测控一体化装置等。

（3）时间同步准确度不大于 10ms：包括微机保护装置、安全自动装置、馈线终端装置、变压器终端装置、配电网自动化系统等。

（4）时间同步准确度不大于1s：包括电能量采集装置、负荷/用电监控终端装置、电气设备在线状态检测终端装置或自动记录仪、控制/调度中心数字显示时钟、火电厂和水电厂以及变电站计算机监控系统、监控与数据采集、电能量计费系统、继电保护及保障信息管理系统主站、电力市场技术支持系统等主站、负荷监控/用电管理系统主站、配电网自动化/管理系统主站、调度管理信息系统、企业管理信息系统等。

2.4.2　北斗卫星授时系统

用户端北斗卫星授时系统的核心设备是北斗时间服务器。国内用户使用北斗单频进行授时，能获得优于100ns的同步精度，且北斗卫星导航信号具备一定的抗干扰能力。使用北斗卫星作为参考时间源的时间服务器可以有效避免使用GPS授时系统带来的安全风险。

2.4.2.1　北斗时间服务器技术路线

北斗时间服务器可使用最新二代北斗卫星接收机从北斗卫星授时系统处获得精准的UTC时间和频率，利用精准的时频信号去驯服振荡器，再输出稳定的网络时间协议（Network Time Protocol，NTP）或精确时间协议（Precise Time Protocol，PTP）等网络对时协议信号。北斗接收机输出的信号通过总线的方式与中央处理器和其他电路进行通信，中央处理器通过现场可编程逻辑门阵列（Field Programmable Gate Array，FPGA）对系统进行控制和处理，北斗卫星授时系统对时原理框图如图2-37所示。

图2-37中核心处理器需具备滤波算法，防止网络内大量的信息报文阻塞NTP或PTP的授时端口。北斗时间服务器的保持性能取决于振荡器的选择和驯服算法的先进性，不同振荡器适用于不同的驯服算法。理论上铷钟的长期保持性能要强于晶体钟。

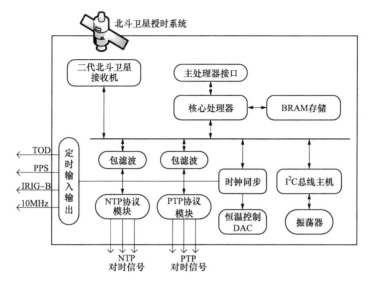

图 2-37 北斗卫星授时系统对时原理框图

2.4.2.2 北斗时间服务器的安全性

北斗时间服务器与较 GPS 时间服务器相比，安全性有了较大提高。除了具备较高安全性的北斗卫星接收机以外，北斗时间服务器可在冗余保护、保持性能、端口授时能力、协议完整性、MD5 加密等方面，全面的提高授时系统的安全性。

冗余保护是指时间服务器的输出、输入卡板冗余、输出端口冗余、IP 绑定等内容，确保其在多种复杂的环境下始终具备授时功能。

保持性能是指时间服务器在丢失卫星或其他外部参考源的情况下，其输出时间信号精度的变化范围能够在合理的范围，保持性能越强，其精度在合理范围内持续的时间越长。

端口授时能力是指对时输出端口在保证精度的前提下能够承受多少个被授时终端访问请求对时的能力。实验证实，输出端口如果采用硬件打时标的技术方式，其端口授时能力要达到每秒 10000 个以上的对时请求同时访问。

协议完整性是指时间服务器支持的以太网协议类型，支持的协议类型越多，则可应用的领域也越广泛。常用的主要协议 IPv4、IPv6、TCP/IP、SSH、SNMPv1v2v、FTP、Telnet、SyslogBroadcast、Mulitcast 等。

MD5 加密是 NTP 对时协议中比较实用的功能，它可以有效防止恶意对时请求，进而提高时间服务器的安全性。

2.4.3 网络对时协议

2.4.3.1 NTP 对时协议

NTP 对时协议是全球应用最为广泛的网络对时协议。该协议普遍可以实现稳定的毫秒级时间同步。NTP 对时协议原理如图 2-38 所示。

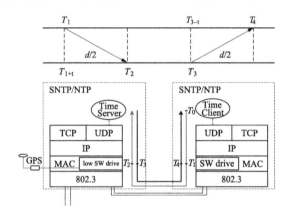

图 2-38　NTP 对时协议原理图

图 2-38 中，T_1 是客户方发送查询请求时间（以客户方时间系统为参照）；T_2 是服务器收到查询请求时间（以服务器时间系统为参照）；T_3 是服务器回复时间信息包时间（以服务器时间系统为参照）；T_4 是客户方收到时间信息包时间（以客户方时间系统为参照）；T 是服务器和客户端之间的时间偏差；D 是两者之间的往返时间。

被授时终端通过 NTP 对时协议与时间参考源服务器进行报文交换，可计算出自身时间与标准参考源的时间偏差，并以参考源服务器的时间为标准纠正自身的时间，进而实现实时的时间同步。

NTP 协议对网络时延的抖动非常敏感，如果网络性能不好会导致 NTP 客户端跟踪不准，网络的抖动性能和跟踪的准确度成正比。网络抖动主要是指网络延时的抖动，网络延时抖动会直接导致同步精度的跳变，是授时安全的隐患之一。

2.4.3.2 PTP 对时协议

PTP 对时协议又称 IEEE 1588 对时协议。2008 年 7 月，IEEE 仪器与测试协会正式颁布了 IEEE 1588—2008 版本。PTP 对时协议是新一代网络对时协议，比传统的 NTP 对时协议的同步精度更高、同步性能更稳定。PTP 时钟通过主、从时钟之间的报文交互、根据报文到达时间及报文所携带的时间信息来计算时间偏差，从而达到主、从之间的时间同步。

主时钟周期性的组播报文包含时间戳、时钟质量和优先级信息，从时钟向主时钟发送包含时延信息的请求报文，主时钟接收到从时钟的请求报文后发送含有时间戳的报文。根据接收到报文中的时间信息和自身发送的时间信息，可以计算出与主时钟的偏差和传输延时，从而达到与主时钟的同步。

网络延时抖动同样会对 PTP 同步精度产生影响，但是由于 PTP 对时协议是采用双向多线程硬件打时标的方式，在交互的报文中能够自动计算出抖动的延时偏差值，进而可以有效降低网络延时抖动对同步精度的影响，提高系统授时的安全性。

2.4.4 电力系统全网时间同步

采用北斗时间服务器，利用卫星共视法，能够实现各电力时间基准站的全网时间同步，提升多点时间同步精度。由于北斗共视过程中，很多相同路径和因素的误差可以相互抵消，如星载原子钟误差、卫星位置误差、电离层和对流层延迟改正等，因此北斗共视可以实现较高的比对精度。

具体实现流程为：各基准站实时接收北斗卫星导航系统发播的电文，计算出基准站时间与各颗卫星的观测钟差。各基准站将处理后的钟差观测数据统一发送到数据处理中心，数据处理中心利用北斗共视原理进行数据处理，得到各基准站与电网时间 UTC（SGCC）的钟差改正数（即各基准站时间与标准时间的偏差），然后将钟差改正数反馈回各基准站。各基准站经过修正后，实现与数据处理中心电力时间 UTC（SGCC）的精确同步。

各基准站基于北斗共视的时间同步原理如图 2-39 所示。

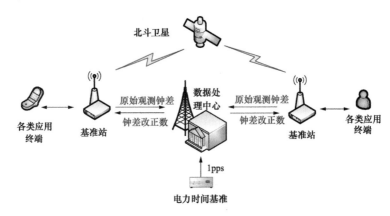

图 2-39　各基准站基于北斗共视的时间同步原理图

2.4.5　数字变电站时间同步

数字变电站中，统一的时间基准是各种保护、控制设备协同工作及提高电网运行可靠性和安全性的基本要求，也是分析电网事故中各种设备动作行为的重要依据。由于网络传输方式会引起采样值传输延迟的不固定，跨间隔保护设备无法利用再采样插值方法实现数据同步，而必须依赖外部时钟。因此，时钟同步将成为继电保护的重要组成部分，在智能变电站中起到极为重要的作用。

数字变电站由站控层、间隔层和过程层构成。

站控层包含自动化站级监视控制系统、站域控制、通信系统、对时系统等，实现面向全站设备的监视、控制、告警及信息交互功能，完成数据采集和监视控制、操作闭锁以及同步向量采集、点能量采集、保护信息管理等相关功能。

间隔层含有继电保护装置、系统测控装置、监测功能组主 IED 等二次设备。

过程层主要由变压器、断路器、隔离开关、电流 / 电压互感器等一次设备及其所属的智能组件以及独立的智能电子装置构成。

对变电站进行双模授时改造，以北斗时钟信号为主用、GPS 卫星信号为备用，为站内自动化设备传送定时信号，授时精度可以达到 ns 级。

数字变电站时间同步的组网模式有以下两种：

（1）组网模式一：配置一套北斗 /GPS 双星时间同步系统，站控层采用 SNTP/NTP 授时，间隔层和过程层采用 PTP 对时，间隔层设备同时接收 IRIG_B 时间信息码，架构图如图 2-40 所示。

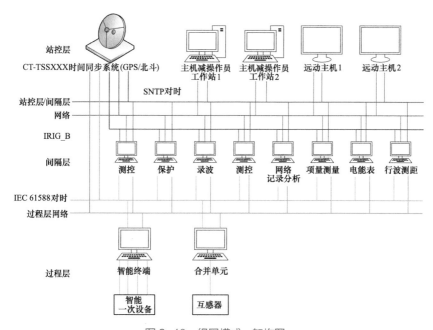

图 2-40　组网模式一架构图

（2）组网模式二：配置双套北斗/GPS双星时间同步系统，站控层、间隔层过程层均采用PTP对时方式，AB网双网双备，两个PTP主钟在线工作，通过算法决策工作状态；AB网核心交换机作为外部时钟失效后的备用PTP主钟，架构图如图2-41所示。

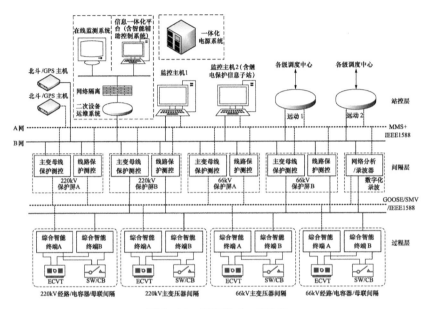

图2-41　组网模式二架构图

2.5　北斗在新能源电力系统的应用

大规模新能源和分布式能源的接入给电网带来清洁能源。与此同时，随着新能源的接入，电网结构愈加复杂，系统特性发生根本性改变等一系列问题也给电力系统的安全监测和稳定运行控制带来了挑战。目前，北斗系统在新能源电力系统的应用已经覆盖了发电、输电、变电、配电、用电等电力生产的各个环节，如图2-42所示，北斗＋电力应用也被列入涉及国家安全和国民经济发展的关键领域。

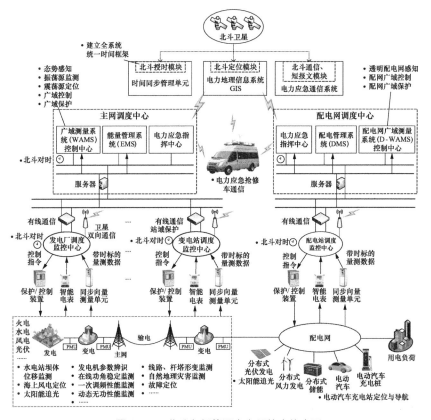

图 2-42　北斗在新能源电力系统中的应用

2.5.1　新能源电源侧应用

以风电、光伏为代表的新能源具有储量无限、清洁无污染的优势，目前已成为智能电网的重要组成部分。基于北斗的高精度定位、授时技术，可以确定太阳位置，实现光伏等新能源电源发电效率的提升。基于北斗授时定位的太阳能追光系统，由嵌入式芯片与北斗模块通信获取太阳能板所在位置和当前时间，从而控制太阳能电池板以最大角度接收太阳能，能够提高太阳能在电力系统电源侧的转换效率。

2.5.2 新能源电力系统监控方面的应用

1. 新能源调控系统

新能源电力系统各级调度控制中心都建立了调控一体的智能电网调度技术支持系统，这些系统需要统一的同步时间信号。在变电站方面，基于北斗卫星的时间同步系统使变电站自行接收时钟源信号并实现授时，以多种方式为现场设备提供时间同步。变电站的各种自动化设备，根据时间同步系统提供精确时间同步信号，统一变电站、调度中心的时间基准。在电厂方面，基于北斗卫星的时间同步系统为不同地点的电厂实时数据打上时标，然后送至厂级监控系统、管理信息系统，用于电厂内计算机监控。在电力系统发生故障后，基于北斗卫星的时间同步系统提高了 SOE 的时间准确性，大大提高了电力系统的安全稳定性，为电网安全稳定监视和控制系统创造了良好的技术条件。

总体上，对新能源电力系统各级调控，中国逐步开展以北斗为主的电力授时体系，即将北斗卫星时钟作为主时钟源，为站端保护、稳控、自动化等终端设备提供授时。北斗卫星同步技术的全球性和高精度确保了不受地理和气候条件限制的时间精准度要求，是时钟同步的理想方法。

2. 基于北斗的广域测量系统

以 PMU 为基础的 WAMS 大规模互联电力系统的动态分析与控制带来了新的信息技术平台。通过北斗同步时钟，PMU 测量可在同一参考时间框架下捕捉大规模互联电力系统各地点的实时稳态 / 动态信息，解决了高精度异地同步问题。

基于北斗技术的广域同步相量测量获得数据，这些数据具有时间上同步以及空间上广域的特点，可实现对广域信息的实时监测和处理，满足电力系统全局动态过程监测、控制与保护的时间同步需要，为在大电网中实现广域同步测量铺平了道路。鉴于此，WAMS 在全网动态过程记录和事后分析、暂态稳定预测及控制、低频振荡分析及抑制、全局反馈控制、故障定位及参数辨识等方面有应用。

将北斗卫星授时系统应用于电力系统同步相量测量技术中，可弥补长久以来使用 GPS 作为唯一同步时钟源而存在的风险，解决了将同步相量测量技术应用于广域监测的时钟源可靠性问题。

3. 态势感知方面的应用

态势感知指在特定的时间和空间下，对环境中各元素或对象的察觉、理解及预测，包括态势要素采集、实时态势理解和未来态势预测 3 个阶段。态势感知需要广泛的量测数据，随着 WAMS 技术已经日趋成熟以及中国 PMU 布点规模的增加及范围的扩大，基于北斗技术的 PMU/WAMS 可以提供高质量的数据源，具有较好的发展和应用前景。

态势感知的内部数据涉及发电、输电、变电、配电、用电多个环节，通过对态势感知大数据进行处理，挖掘内部隐含信息，可实现发电与负荷预测、设备风险评估、电力系统稳定性分析以及电网拓扑结构变化辨识等功能；可指导机组出力调整、故障诊断和恢复、在线优化调度控制、电网稳定实时控制以及电网结构在线优化重构等工作。结合北斗技术，开展态势感知方面的相关应用，可以为我国大规模新能源电力系统在线动态安全监测方面提供基础理论与关键技术，增强电力系统的安全性和稳定性。

4. 广域控制和保护方面

结合北斗技术的 WAMS 为大规模新能源电力系统的运行和控制提供了全新的视角。基于 WAMS 数据对电力信号进行频谱分析可实现对次同步振荡的在线监测。另外，我国 PMU 已覆盖全部 220kV 及以上变电站、主力发电厂和新能源并网汇集站。得益于 PMU 的广泛部署，观测数据的完整性得到了保障，系统能够直观展示次同步振荡事件的发展过程。

动态监测作为 WAMS 的基本功能，为调度中心实时地提供系统的运行状态，为系统安全稳定分析以及故障原因分析提供了重要的数据。进一步，基于 WAMS 实时数据可实现电力系统广域保护，利用 WAMS 快速收集全网信息，通过网络通信进行多点综合比较判断，可将电流差动保护和方向比较式保护的功能推广到后备保护中，实现快速、灵敏的后备保护，克服现有后备保护的不足，保证了新能源电力系统的安全性及自愈能力。此外，基于广域信息的自适应整定在电网运行方式发生变化的情况下，保护系统能够及时更正与其不相适应的保护定值，并重新优化整定，从而提高保护适应电网运行方式变化的能力。

另外，基于北斗高精度同步授时技术的 WAMS 能够为系统提供时间上同步、空间上广域的量测数据，解决了传统上仅基于本地信息的阻尼控制器如（PSS、TCSC 等）无法很好抑制电网大规模互联情况下区域间的低频振荡的问题。基于 WAMS 的全局信息可以解决各种控制器间的协调问题。

2.5.3 分布式新能源接入的配网调控应用

大量波动性、间歇性新能源以分布式的方式接入配电网，在提供更多调控手段的同时，也给配网带来一系列的可观、可控问题，增加了配网调控的难度。基于北斗授时的微型同步相量测量装置可以为配网监控提供具有精确同步时标的电力数据，对配网进行实时监测、态势感知和调控。

1. 配电网的各类微型 PMU 装置研发

基于北斗授时的微型 PMU 安装在配电系统，将极大提高配网可观性、可控性。最先开展配网侧同步量测技术研究的是美国的一个教授团队，基于频率干扰记录仪（Frequency Disturbance Recorder，FDR）在终端用户侧实现高精度的频率测量，建立频率监测网络（Frequency Monitoring Network，FNET），并应用于美国、加拿大等国的电网；美国电力标准实验室与加州大学伯克利分校研发了微型 PMU，可实现配电网监控和双向通信；此外，山东大学、伊利诺伊大学香槟分校与中国台湾大学等研究机构也开发了类似的 PMULight 装置。但上述装置多偏重于传统交流配电网的稳态和慢动态过程的测量，未考虑大规模分布式电源接入后对测量的影响，无法适用于智能配电网的监测与控制。为了克服这些问题，在国家重点研发计划资助下，国家电网有限公司、中国南方电网有限责任公司、北京四方继保自动化股份有限公司、许继集团有限公司、清华大学、华北电力大学等正在开发新一代适用于配电网的高精度微型同步相量测量装置。

2. 态势感知方面的应用

与输电网不同，配电网具有区域化特征，且新能源发电、负荷等都以分布式的方式接入配电网，配电网的不确定性相比输电网更强。所以，与输电网的态势感知不同，配电网的态势感知更聚焦于实时感知配电网的各种不确定性因素的变化，如负荷随机需求响应、电动汽车无序接入、分布式电源间歇性出力、外部灾害因素等，强调各参与方之间的互动与博弈。

图 2-43 给出了智能配电网态势感知的框架。在基于北斗 /GPS 的微型 PMU 装置以及其他量测设备的基础上获取配电网中的实时信息，通过单 / 双向通信向配电网主站提供带北斗时标的信息。配电网主站通过数据采集和监控（Supervisory Control And Data Acquisition，SCADA）量测，结合其他气象要素、设备健康信息、设备检修计划等信息，在数据融合的基础上，挖掘要素之间的内在关联关系，利用状态估计等手段，实现配电网的深层次感知，并实时告警；通过带有时标的信息，结合现有信息，实现预测层依据深层次的感知信息，利用分布式电源处理

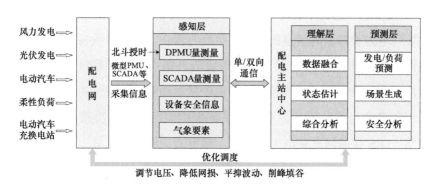

图 2-43　智能配电网态势感知框架图

预测、负荷预测和电动汽车充放电预测等技术手段，生成配电网的多运行场景，实现并进行配电网安全风险分析与预警，形成深度的态势感知，为电网调度人员提供参考。

3. 控制和保护方面的应用

大量分布式新能源接入配电网，改变了配电网的网络结构、潮流分布，从原有的单电源、辐射状网络变为双电源或多电源，双向潮流网络，也带来了电压越限、非计划孤岛等一系列问题，给有源配电网的控制和保护带来了显著挑战。而基于北斗的微型 PMU 装置与高速通信网络相结合，可将高精度的微型 PMU 数据传输至主站，提升系统的可观可控性，支撑配电网保护与控制。

例如针对配电网保护难以进行精确故障测距的问题，利用线路两侧微型 PMU 数据，可实现线路上故障点的精确测距，减轻故障检修时巡线负担；针对有源配电网非计划孤岛问题，可利用微型 PMU 通过相角差值量测实现实时孤岛检测；针对有源配电网电压优化控制问题，可以利用微型 PMU 两侧实现电压优化控制，解决了传统电压控制技术对于模型的依赖。

2.5.4 负荷侧应用

1. GIS 应用

通过北斗卫星导航可以为电网中的 GIS 提供实时的定位信息，以此实现电力设备设施信息的采集、更新与修正。将电力设备设施信息、电网运行状态信息与地理及自然环境信息集中于 GIS 系统，结合 GIS 独特的空间分析能力、快速的空间定位搜索和复杂的查询功能、强大的图形创造和可视化手段，为电力系统提供实时高效的决策分析支持。目前，GIS 在国网北京电力、国网上海电力、国网江苏电力等已经落地应用。

2. 电动汽车充电站智能定位

新能源电动汽车发展面临的主要问题之一是如何方便、快捷地找到就近的充电站。利用基于北斗/GPS的电动汽车充电站智能定位系统，可以将接收到的充电站位置信息直接嵌入到内置电子地图中，实现对充电站的实时定位和路径规划，克服传统导航仪需要定期更新电子地图的缺点，为车主提供一种低成本、高性能的充电站定位方式。

3. 电动汽车电池状态远程监控

新能源电动汽车以动力电池作为动力源，对其电池运行状态和位置信息进行实时监控，可以保障电动汽车行驶过程的安全性和可靠性。利用基于北斗/GPS的远程监控系统的车载终端可实现电池状态的远程监测、电动汽车位置的跟踪、电池故障的诊断和电池特性的分析。

具体来讲，车载终端实时采集电池状态信息和汽车位置信息，并通过无线通信技术将数据传送到远程监控中心，由远程监控中心实现对电池状态的监控、对电池状态信息进行分析、存储和故障诊断与报警；根据电动汽车定位、导航线路和电池剩余电量可判断电动汽车能否完成行驶任务。进一步，车主可通过手机终端和远程监控中心进行通信，获取电动汽车动力电池信息，实时监控电动汽车动力电池的运行状态。

2.5.5　电网一次装备监测应用

输电杆塔、传输线路等一次设备作为电力远距离输送的支撑，实时监测杆塔、线路的运行状态并进行安全预警，对保证电网安全稳定运行意义重大，而传统人工巡检的方法存在效率低、无法全天候监测、准确性较差等问题。通过北斗高精度差分定位技术对输电杆塔、线路精确定位，获取其位置数据，利用高精度倾角传感器技术和形变算法技术，可以高精度获取杆塔倾斜、线路形变等信息，并通过卫星通信功能将信息传输到主站，实现电力工作人员远程实时监测输电杆塔、线路运行状态的应用。

2.6 北斗与其他新兴技术的融合增强效应

　　北斗系统在智能电网深化应用场景的实现不仅需要时空统一应用支撑框架的支撑，还要与大数据、云计算、物联网、移动互联网、人工智能等新兴技术充分融合，才能更好地应用"北斗＋电力"的模式。分析目前各类新兴技术应用，与北斗系统的应用具有融合增强的效应，如图 2-44 所示。

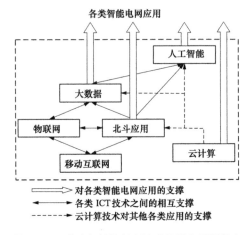

图 2-44　北斗与其他新兴技术的融合增强效应

1. 云计算

　　云计算为时空信息支持平台提供了可选的部署和应用模式。充分利用云计算的可靠性高、数据处理量巨大、灵活可扩展以及设备利用率高等优势，与 BDS 深度融合，有效支撑在智能电网建设过程中的落地应用。同时云计算对其他各类新兴技术应用具有广泛的支撑效应。

2. 物联网和移动互联网

　　围绕北斗＋物联网这一核心，实现位置网和物联网的融合，搭建北斗＋物联网的推广应用平台，构建新的产业生态圈。移动互联网的飞速发展和移动智能终端的普及使得对位置信息的需求量呈上升趋势，BDS 完全能够满足移动互联网技术对定位导航功能的需求。二者之间互为促进和发展，BDS 为移动互联网提供定位服务，而 BDS 的定位导航功能又延伸了移动互联网的应用范围。

3. 大数据

从大数据的角度来看，广泛部署在智能电网的各类传感器、能量管理系统、设备管理系统、WANS、调度自动化系统以及其他各类信息平台，积累了海量多源异构的电力大数据，这些大数据均关联了统一的时空信息，属于典型的时空大数据。挖掘数据的时间、空间、对象之间的复杂动态关联关系，需要研究一种全新的电网时空大数据应用模式。

4. 人工智能

从人工智能的角度看，时空信息数据中隐含大量的内在关联，通过大数据应用把时空信息与海量采集信息进行关联，能为人工智能的发展和应用提供了丰富的素材。

5. 融合增强

"万物互联"的物联网应用中，存在大量授时、定位和通信的需求，与北斗应用、移动互联网应用有相互促进的作用。北斗与云计算、大数据、物联网、移动互联网和人工智能深度融合，构建时空信息支持平台，推动智能电网高质量发展。

北斗系统的应用离不开云计算、物联网的支撑，同时也为大数据、移动互联网、人工智能提供了新的数据源和提升的基础，以上各类应用相互之间也提供了更丰富的应用场景，各类技术相互支撑，发挥着融合增强的效应。

3

电力北斗定位服务测试验证

3.1 电力北斗系统组成

电力北斗服务平台是电力北斗系统的核心组成部分，其主要功能是利用地面北斗基准站原始观测数据，构建出全部范围内精准定位所需的差分数据播发网格，即 CORS 网格。此外，电力北斗服务平台可以通过计算不同网格内的虚拟参考站参数，为北斗终端自动分配最近的虚拟站，辅助终端获得自身的精准位置。电力北斗服务平台与北斗终端之间通过 NTRIP 连接，并采用 RTCM3.2 协议以 1Hz 的频率将差分改正数据发送给北斗终端，实现终端设备厘米级实时定位。

地面基准站是电力北斗精准服务体系的重要基础设施，其本质是一个高精度的北斗卫星信号接收装置，主要用于观测北斗卫星原始观测信息并发送给北斗平台，基准站在变电站就地接入信息内网，与电力北斗平台采用 TCP/IP 协议连接。

电力北斗系统由电力北斗服务平台及省内若干座地面基准站组成，基准站实时观测北斗卫星，并将原始观测值发送给电力北斗服务平台，电力北斗服务平台能够根据原始观测值，实时计算终端设备实时定位所需的差分数据，平台侧部署播发服务和解算服务两大功能模块，分别可以提供厘米级实时动态定位服务（Real Time Kinematic，RTK）和毫米级事后解算定位服务（Post Processing Kinematic，PPK）。

根据终端应用场景和定位需求，电力北斗服务平台中的播发服务模块主要通过向终端实时提供差分数据实现终端设备的实时动态定位，定位精度可达厘米级，主要面向的是巡检无人机、人员定位、设备定位等实时性要求高的终端。解算服务模块主要通过收集终端一段时间内的观测数据，直接计算出终端的历史位置，其特点是定位精度更高，但实时性较差，主要面向高精度定位需求的终端设备，如地质沉降监测终端。两种定位方式的区别是计算量和及时性不同，可分别满足不同业务应用的需求。

3
电力北斗定位服务测试验证

3.2 北斗系统综合性能测试

电力北斗系统建成之初，各项功能需要进行充分检测才能确保定位服务精准可靠地服务现场应用。对于新建的电力北斗系统，主要通过检测系统实时动态定位精度、定位服务范围、定位服务可靠性、定位服务响应时间和北斗服务平台性能等指标来评估整个系统的实际应用性能，并为电力北斗系统优化提供依据。

1. 实时动态定位精度

实时动态定位精度是指利用高精度卫星导航接收机实时获取电力北斗系统的定位精度，测试电力北斗系统的实际定位精度能否达到设计值（水平误差≤4cm、高程误差≤8cm）。

2. 定位服务范围

定位服务范围是指测试电力北斗系统精确定位服务在全部范围内的可用程度以及不同区域内实际能达到的定位精度，用于验证全部范围地面基准站的设置合理性。

3. 定位服务可靠性

定位服务可靠性是指测试基准站离线情况下精准定位服务的可用程度，评估系统对基准站故障的容忍能力。

4. 定位服务响应时间

定位服务响应时间是指北斗终端设备从登录平台到获得差分数据的时间，主要用于评估电力北斗服务平台播发模块的响应速度。

5. 北斗服务平台性能

北斗服务平台性能检测用于评估电力北斗服务平台的兼容性和各项功能是否正常以及在终端并发访问下的服务成功率和服务稳定性。

3.2.1 测试工作开展

电力北斗系统定位服务能力测试共分为三个阶段。

1. 第一阶段

2020 年 12 月 8~15 日，开展电力北斗系统 RTK 性能测试，通过静态选点测试和动态跑路测试，分别测试电力北斗系统在内外网条件下、终端静止及终端运动状态下的定位精度和定位响应时间，从而评估电力北斗系统的实时动态定位性能。本次测试共计选取 40 个测试点和 2 条动态跑路测试路线，如图 3-1 所示。

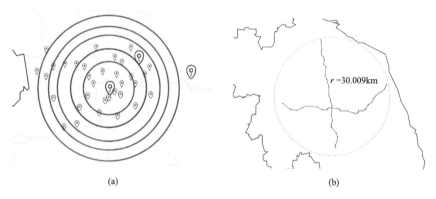

(a)　　　　　　　　　(b)

图 3-1　动态测试线路图

（a）RTK 静态测试选点；（b）终端运动状态下 RTK 测试路线

2. 第二阶段

2021 年 1 月 4~6 日，开展范围内电力北斗系统定位服务的覆盖范围、不同区域的定位精度和基准站冗余可靠性测试，通过测试边界 CORS 网格外区域和不同形状的 CORS 网格内区域的定位性能，准确评估电力北斗系统在全部范围的应用性能。根据电力北斗系统的特征，本次定位服务范围及可靠性测试在全部范围共计选取 75 个测试点，如图 3-2 所示。

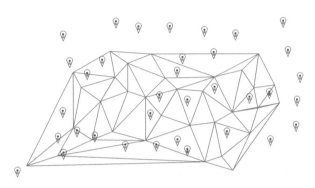

图 3-2　测试点分布图

3. 第三阶段

开展电力北斗服务平台压力测试，采用测试用例对电力北斗服务平台 139 项功能进行逐项测试，验证其功能可用性；通过模拟终端程序测试 3000 和 5000 并发压力下电力北斗服务平台的可靠性和稳定性；采用不同操作系统、不同浏览器访问电力北斗服务平台，测试其兼容性。

3.2.2　测试工作结果

1. 实时动态定位精度

电力北斗系统在全部范围内的定位精度平均水平符合设计预期，水平面平均误差为 3.6cm（＜ 4cm）且波动范围较小（0~2cm），高程平均误差为 3.1cm（＜ 8cm）但波动范围较大（0~8cm）。电力北斗系统在内外网服务下，定位精度一致且定位响应时间相同。

2. 定位服务范围

电力北斗系统内外网定位服务在全部范围内均可正常工作，且在范围内 13 个地级市内的平均精度可达厘米级且定位结果波动较小（水平波动范围小于 2cm，高程波动范围小于 5cm）。

3. 定位服务可靠性

电力北斗系统定位服务可靠性主要评估系统定位对地面基准站的离线情况容忍度。测试结果表明：对于 CORS 网格内区域，电力北斗系统允许附近4座基准站同时离线，对于CORS网格外区域，电力北斗系统允许70km范围内基准站全部掉线。目前范围内任一位置80km范围内至少有4座基准站，因此电力北斗系统定位可靠性能够满足应用需求，值得注意的单基准站定位时附近基准站离线会增加固定解的获取时间，且定位结果波动性会增加。

4. 定位服务响应时间

电力北斗系统与测绘局CORS系统两者的定位响应速度基本一致，全部范围内电力北斗系统定位响应平均时间为58s。

5. 北斗服务平台性能

电力北斗服务平台共有139个功能点，测试通过135个，阻塞3个，不通过1个，不通过用例为作业任务管理新增异常；平台在5000并发下服务器解算播发正常，支持3万终端同时连接，系统测试期间无错误产生，且能够稳定运行48h。测试中发现并发压力增加后系统定位精度有所降低，但仍满足设计指标。

3.3 定位精度测试

3.3.1 测试目标

定位精度的测试目标是验证电力北斗系统实际应用中的定位精度是否能够达到设计值（水平误差小于4cm，高程误差小于8cm）。

3.3.2 测试方法

采用高精度RTK设备在范围内选取多个静态测试点和东西南北多条动态测试路线进行静止状态、运动状态定位精度测试，测试时以测绘系统CORS定位结果为基准。

定位精度测试方法如图 3-3 所示。

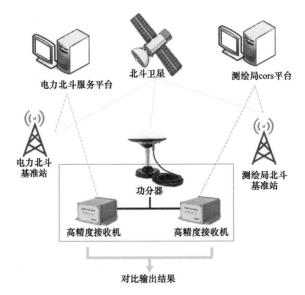

图 3-3　定位精度测试方法

3.3.3　测试设备

本次测试采用高精度 RTK 设备（NET S9 多星系统参考站接收机）。RTK 设备主要技术指标如表 3-1 所示。

表 3-1　RTK 设备主要技术指标

GNSS 性能	
BDS（北斗）	同步 B1I、B2I、B3I、B1C、B2A
GPS	同步 L1C/A、L2C、L2E、L5
GLONASS	同步 L1C/A、L1P、L2C/A（仅限 GLONASS M）、L2P
SBAS	同步 L1C/A、L5
GIOVE-A	同步 L1 BOC、E5A、E5B 和 E5AltBOC（支持）
GIOVE-B	同步 L1 CBOC、E5A、E5B 和 E5AltBOC（支持）
GALILEO	同步 E1、E5、E7
未经滤波、未平滑的伪距测量数据，用于低噪声、低多路径误差、低时域相关性和高动态响应	
噪声极低的 GNSS 载波相位测量，1Hz 带宽内的精度 <1mm	

支持多种卫星导航系统	
支持实时静、动态双频 RTK 解算，同时支持单 BDS 解算模式	
独有的 kRTK 技术，保障了定位精度的可靠性，大大提高了数据解算质量	
智能动态灵敏度定位技术，适应各种环境的变幻，适应更加恶劣、更远距离的定位环境	
全面的兼容的高精简报文，易于数据传输及配套软件的应用开发	
稳定的长距离 RTK 解算能力	
初始化时间	小于 10s
可靠性	>99.9%
定位精度	
静态平面	±（3mm+0.5x10−6D）
静态高程	±（5.0mm+0.5x10−6D）

测试时采用导航车，导航车外置信号接收天线，卫星信号经功分器后连接多台 RTK 设备，同时与电力北斗系统和测绘局系统相连，同步记录定位数据。

3.3.4　测试过程

电力北斗系统定位精度测试以测绘局 CORS 定位结果为基准，通过静态选点测试和动态路跑测试，比对两个系统的定位结果和定位响应时间进行。

1. 静态测试

静态测试采用高精度 GNSS 接收机在同一位置分别连接电力北斗服务平台和测绘局测绘系统，测试过程中记录设备开机到得到固定解的时间作为系统定位响应时间。

根据电力北斗系统的 CORS 网格的设计，范围内共分为 A、B、C 三类北斗定位区域：

A 类区域：地理中心区域，可以被地面基准站充分覆盖，且基准站之间距离小于 60km，CORS 网格呈锐角三角形。A 类区域定位精度相对较高。

B类区域：位于 CORS 网格之外的区域，主要依靠距离最近的基准站和虚拟参考站进行定位。

C类区域：被 CORS 网格覆盖但基准站间距较大，网格呈长钝角三角形（一条基线长超过 100km）。

本次静态测试共计在范围内选取 70 余个测试点，如图 3-2 所示。本次测试选点覆盖范围内 A、B、C 三类北斗定位区域，能够准确反映电力北斗系统在范围内的定位精度情况。

此外，为充分比对 A、B、C 三类区域的定位精度情况，选取同时包含三类区域进行密集测试，如图 3-1（a）所示，所有选点分布在以图 3-10 中 24 基准站为圆心的不同距离处，选点覆盖城区、郊区、乡村、山地和省界等区域，且根据电力北斗 CORS 网格的划分将测试选点分为网格内点和网格外点，能够准确反映电力北斗系统的实际定位性能。

2. 动态测试

采用两台高精度 GNSS 接收机，同时分别连接电力北斗服务平台和测绘局测绘系统，测试运动状态下不同定位系统的定位精度。为减小测试误差，两台高精度 GNSS 接收机共用一根天线进行跑路测试。测试时导航车行驶速度分别控制在 $25 \pm 5km/h$、$40 \pm 5km/h$，定位结果采样不少于 1200 个点，进行定位精度分析。动态路跑测试路径选取如图 3-1（b）所示。

3.3.5 测试指标说明

本次测试将通过以下 5 项指标进行评估，各指标的含义及说明如下：

1. 水平面平均定位误差

评估电力北斗系统和测绘局测绘系统定位结果在水平面的误差平均水平，可以根据定位结果中北坐标、东坐标实际值进行计算。

2. 水平面最大定位误差

评估电力北斗系统和测绘局测绘系统定位结果在水平面上的最大误

差，反映极端情况下的定位误差大小。

3. 高程平均定位误差

评估电力北斗系统和测绘局测绘系统定位结果中高程误差的平均水平。

4. 高程最大定位误差

评估电力北斗系统和测绘局测绘系统定位结果中高程误差的最大值，反映极端情况下的定位高程误差大小。

5. 搜星至获得固定解时间

评估电力北斗系统和测绘局测绘系统提供服务时，定位设备从开始搜星到精确定位的时间，可以评估系统提供定位服务的响应速度。

3.3.6 测试结果

根据测试方法，本次电力北斗系统测试将从动静态定位误差、测点位置以及定位响应时间三个方面进行综合评估，通过平均定位误差、最大定位误差、搜星至获得固定解时间和浮动解至获得固定解时间等指标进行评估。

1. 静态测试

本次静态测试范围内 13 个地市选取了 70 余个测试点进行测试，各测试点在电力北斗内网、外网和测绘局 CORS 系统下的定位结果分析如下：

（1）定位结果稳定性（内符合度）分析。系统定位结果的稳定性反映了北斗系统输出结果的确定性，即测试装置静止状态下在同一点进行连续测量时定位结果的偏差程度。定位结果稳定性高表明电力北斗系统定位准确性越高。本次评估采用极差进行对比。抽取各地市部分测试点的定位如图 3-4 所示。

根据抽取各地市部分测试点计算出在不同 CORS 系统下的北坐标、东坐标和高程误差折线图，如图 3-5 所示。

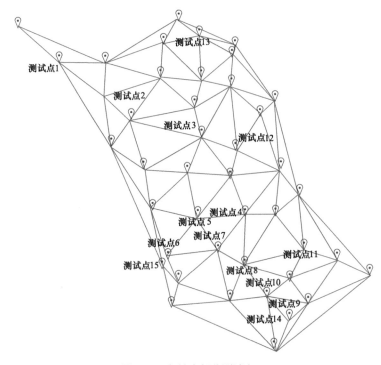

图 3-4　各地市部分测试点

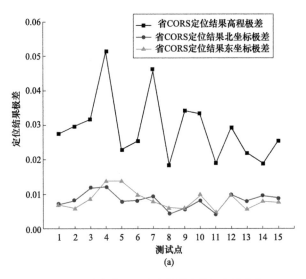

图 3-5　电力北斗系统定位精度随距离的变化

（a）CORS 定位结果数据极差分析

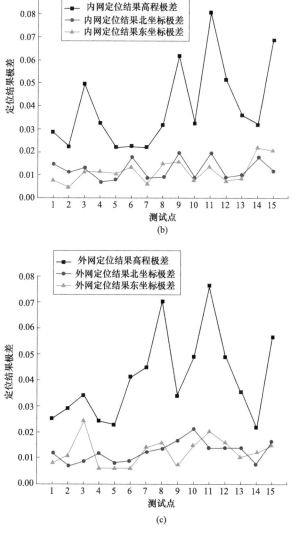

图 3-5　电力北斗系统定位精度随距离的变化（续）
（b）电力北斗系统内网定位结果数据极差分析；
（c）电力北斗系统外网定位结果数据极差分析

　　从图 3-5 可以看出电力北斗系统与测绘局 CORS 系统的定位结果有一个共同点：水平定位结果波动较小，高程定位结果波动相对较大，水平波动小于 2cm，高程波动小于 8cm，定位结果波动在设计预期之内，因此两个系统的定位结果稳定性满足预期，即定位结果可信。

（2）定位精度分析。根据全部范围的测试结果，不同测试点在不同系统下的定位误差总体情况见表3-2。

表 3-2　总体误差表　　　　　　　　　单位：m

系统对比	三维误差平均值	三维误差最大值	水平误差平均值	水平误差最大值	高程误差平均值	高程误差最大值
内网与省 CORS 误差	0.049	0.086	0.036	0.058	0.030	0.080
外网与省 CORS 误差	0.048	0.083	0.036	0.067	0.029	0.073
内网与外网定位误差	0.013	0.048	0.007	0.016	0.011	0.047

从表3-2以看出，电力北斗系统的定位精度基本符合设计预期，水平面平均误差为3.6cm、高程平均误差为3cm，达到电力北斗系统设计的水平4cm、高程8cm定位精度。三维空间内电力北斗系统与测绘局CORS系统定位误差小于5cm。电力北斗系统在内外网条件下提供定位服务时定位精度基本一致，水平误差与高程误差均在1cm以内。

（3）测试点位置及网络通道对定位精度的影响。将全部测试点分为2类：CORS网格内测试点和网格外测试点，统计并计算各测试点的定位精度，结果见表3-3。

表 3-3　网格内外定位精度分析　　　　　　　单位：m

系统对比	测点位置	三维误差平均值	三维误差最大值	水平误差平均值	水平误差最大值	高程误差平均值	高程误差最大值
电力内网与省 CORS	网格内	0.051	0.086	0.036	0.049	0.033	0.080
	网格外	0.046	0.158	0.038	0.072	0.025	0.139
电力外网与省 CORS	网格内	0.050	0.083	0.036	0.049	0.031	0.050
	网格外	0.045	0.163	0.038	0.08	0.023	0.142
电力内网与外网	网格内	0.014	0.048	0.007	0.016	0.011	0.047
	网格外	0.021	0.123	0.014	0.103	0.015	0.068

从表3-3可以看出，电力北斗系统通过定位服务时，在内外网环境下定位精度基本一致，水平平均误差和高程平均误差约为1cm，即网格内外定位精度一致。位于CORS网格内的测试点与网格外的测试点，其平均定位误差相差不大，水平误差平均相差2cm，高程平均误差相差6cm，

但位于 CORS 网格外的点其定位结果波动较大，原因是网格外的区域只能依靠单基准站定位，定位精度主要取决于测试点距基准站的距离，因此 CORS 网格外区域的定位结果稳定性较差，导致定位误差忽大忽小。

（4）距基准站距离对定位精度的影响。基准站距离测试需要在一个区域内进行密集测试，故选取图 3-10 电力北斗 CORS 网格中 24 基准站为试点，在该基准站不同半径处进行选点，评估测试点距基准站的距离对定位精度的影响，测试结果见表 3-4 和图 3-6。

表 3-4　电力北斗系统定位精度随距离的变化　　　　　单位：m

测点位置	距该基准站距离	三维误差平均值	三维误差最大值	水平误差平均值	水平误差最大值	高程误差平均值	高程误差最大值
CORS 网格内	5	0.050	0.086	0.032	0.038	0.036	0.080
	10	0.046	0.075	0.034	0.039	0.027	0.067
	15	0.054	0.064	0.038	0.043	0.039	0.047
	20	0.058	0.080	0.041	0.058	0.039	0.073
	25	0.040	0.051	0.034	0.038	0.018	0.036
	30	0.045	0.064	0.037	0.049	0.024	0.043
	40	0.042	0.062	0.036	0.049	0.022	0.039
	50	0.042	0.054	0.033	0.035	0.021	0.043

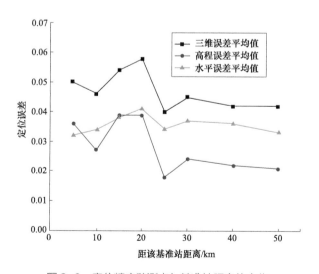

图 3-6　定位精度随测点与基准站距离的变化

结果表明随着测试点与基准站距离的变化定位误差没有明显变化，特别是水平面误差基本不变，高程误差波动较大。

（5）海拔对定位精度的影响。本次测试通过在不同海拔的地点进行选点，评估测试点海拔对定位精度的影响，测试结果见表3-5。从测试结果可以看出测试点的海拔对于电力北斗系统的定位精度没有影响。海拔相对较高的测试点与海拔相对较低的测试点相比，在定位误差方面没有明显变化。

表3-5 电力北斗系统定位精度随海拔的变化 单位：m

海拔	三维空间误差	水平面误差	高程误差
6.745	0.036	0.031	0.019
6.930	0.038	0.035	0.013
7.144	0.062	0.049	0.039
7.509	0.054	0.032	0.043
40.345	0.045	0.032	0.033
41.011	0.075	0.032	0.067
42.057	0.038	0.038	0.005
68.359	0.044	0.034	0.028
平均值	0.049	0.035	0.031

2. 动态测试

本次动态测试的测试路线位于图3-7中24基准站东西南北4个方向，测试装置的移动速度分别为25±5km/h、50±5km/h，能够满足绝大多数电力北斗的应用场景需求，测试结果见表3-6和图3-8。

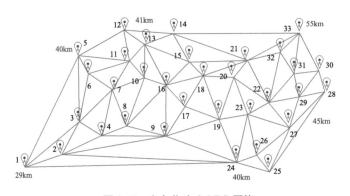

图3-7 电力北斗 CORS 网格

表 3-6　定位精度随速度的变化　　　　　　　　　　　　单位：m

速度 （km/h）	总误差 最大值	总误差 平均值	水平误差 最大值	高程误差 最大值	水平误差 平均值	高程误差 平均值
0	0.117	0.061	0.086	0.091	0.042	0.041
25	0.155	0.056	0.122	0.147	0.039	0.035
50	0.137	0.050	0.075	0.134	0.037	0.033

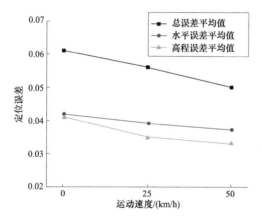

图 3-8　电力北斗系统定位精度随运动速度的变化

根据测试结果可以看出终端移动速度对电力北斗系统定位精度有一定的影响，随着运动速度的增加，定位精度有提高的趋势。

3. 固定时间测试

本次电力北斗系统定位精度测试过程中，同时记录了各个测试点从开始搜星到达到固定解的时间和测试点与虚拟基准站的距离，测试结果如表 3-7 所示。

表 3-7　电力北斗系统定位响应时间结果

典型测试点	测试手簿显示（虚拟）基站距离（m）		初始化时间（开机到固定解）（s）	
	电力北斗基准站 距离	省测绘局基准站 距离	电力北斗	CORS
1	5895.721	0.017	47	59.5
2	3740.35	0.025	52	60
3	6243.48	0.16	52	69
4	5703.39	1.58	64	76

典型测试点	测试手簿显示（虚拟）基站距离（m）		初始化时间（开机到固定解）（s）	
	电力北斗基准站距离	省测绘局基准站距离	电力北斗	CORS
5	2362.83	2746.171	80	65
6	549.6	0.023	60	52
7	5891.29	0.94	55	63
8	5647.47	1.18	58	58
9	4753.32	1.14	55	55
10	6165.47	1.74	55	58
11	1654	1905.41	69	55
12	3872.94	314.71	62	54
13	4581.79	0.32	53	62
14	5713.68	0.05	64	53
15	336.23	2444.27	53	55
16	2839.2	1496.62	55	53
17	4446.46	2283.41	57	54
18	5725.14	0.04	66	57
19	2262.72	15317.04	57	60
20	3742.86	21474.06	55	53
21	5296.61	22629.66	62	55
22	4002.95	2424.91	59	54

电力北斗系统与省 CORS 系统固定时间对比如图 3-9 所示。

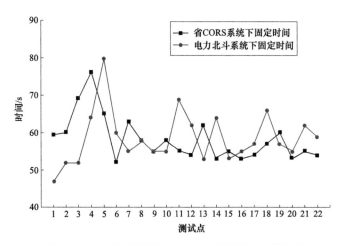

图 3-9　电力北斗系统与省 CORS 系统固定时间对比

电力北斗系统与省 CORS 系统虚拟站距离对比如图 3-10 所示。

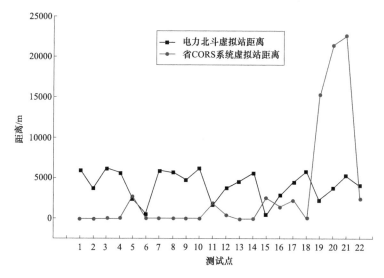

图 3-10　电力北斗系统与省 CORS 系统虚拟站距离对比

从表 3-7 和图 3-9 可以看出，电力北斗系统与测绘局 CORS 系统两者的定位响应速度基本一致，全部范围内电力北斗系统定位响应平均时间为 58s。范围内不同测试点在测试过程中显示虚拟站与测试点的距离约为 3~6km，而省测绘局 CORS 系统下测试点与虚拟站的距离变动范围为 0~25km，主要是两个系统采用了不同的虚拟参考站技术。

3.3.7　测试结论

本次电力北斗系统性能测试得出以下结论：

（1）电力北斗系统的定位精度符合设计预期，水平面平均误差小于 4cm，高程平均误差小于 8cm。

（2）电力北斗系统在内外网服务下，定位精度和响应时间基本一致，即电力北斗系统服务能力不受内外网网络通道的影响。

（3）电力北斗系统的定位精度不受海拔高度的影响，CORS 网格内外定位精度基本一致，但网格外区域的定位结果波动范围较大，终端移动速度对定位精度有微小的影响，随着运动速度的增加定位精度有提高的趋势。

3.4 服务范围与可靠性测试

3.4.1 测试目标

验证电力北斗系统在全部范围内的高精度定位（水平误差小于4cm，高程误差小于8cm）服务范围和定位服务的可靠性。

3.4.2 测试方法

采用高精度 RTK 设备在范围内所有地形区域进行实地测试，重点对靠近边界的外围区域（电力北斗 CORS 网格之外）、钝角三角网格区域进行测试，测试过程中通过关闭地面基准的方法测试基准站离线情况对定位精度的影响，从而评估电力北斗系统定位服务的可靠性。测试定位可靠性时，对于 CORS 网格外的区域通过关闭最近基准来验证，对于 CORS 网格内的区域则分别测试组成网格的三个基准站突发离线情况下的定位精度。测试时以测绘局 CORS 系统定位结果为基准。

3.4.3 测试设备

电力北斗系统精确定位范围与可靠性测试设备、定位精度测试设备相同，仍采用 NET S9 多星系统参考站接收机（高精度 RTK 设备）。测试时采用导航车进行，导航车外置信号接收天线，卫星信号经功分器后连接多台 RTK 设备，同时与电力北斗系统和测绘局系统相连，同步记录定位数据。

3.4.4 测试过程

1. 电力北斗 CORS 网形分析

当前电力北斗系统 CORS 网格设计如图 3-7 所示，共启用 33 座地面基准站，同时每隔 10km 部署一座虚拟参考站，能够保证任何位置6km 范围内都有一座定位参考站，因此电力北斗系统的定位服务范围能够覆盖全部范围。

从图 3-7 可以看出约 92% 的区域位于电力北斗 CORS 网格内，其他区域则位于网格之外，如靠近东海一侧地区，这些地区中离地面基准站距离最远的地区可达 55km。对于地理中心的地区（A 类区域），可以利用三角形 CORS 网格及虚拟基准站获取高精度的定位结果，对于 CORS 网格之外的区域（B 类区域）则主要依靠距离最近的基准站和虚拟站进行定位。此外存在基线较长的 CORS 网格覆盖区域（C 类区域），C 类区域可以通过地面基准站及时获得高精度定位结果。

电力北斗系统服务范围与可靠性测试针对 A、B、C 三类区域，分别进行静态选点测试和基准站离线定位测试以评估电力北斗系统在全部范围内的定位能力。

2. 各地市定位测试结果

在全部范围 13 个地市分别选取多个测试点，测试过程中电力北斗系统始终能够稳定提供定位服务。为测试各地市的定位精度，以省测绘局 CORS 系统的定位结果为基准来计算定位误差，求取平均值获得该地市的平均定位精度，测试点的选取主要根据该地区所涵盖的区域类型进行合理选择，如包含 A、B、C 三类区域，具体测试点如图 3-11所示。

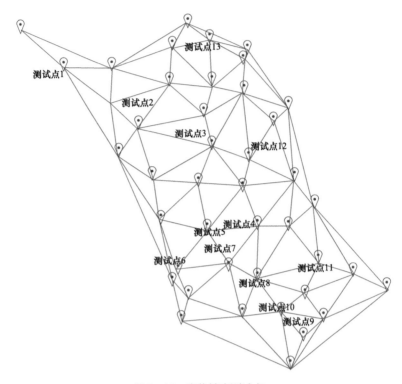

图 3-11　定位精度测试点

全部范围各地市的测试结果如表 3-8 所示。

表 3-8　各地市定位精度　　　　　　　单位：m

地市	水平定位精度	高程定位精度
1	0.033451	0.051844
2	0.026581	0.067277
3	0.032816	0.008577
4	0.042368	0.036506
5	0.032035	0.007875
6	0.034236	0.023561
7	0.036213	0.022647
8	0.036436	0.039247
9	0.035628	0.028485
10	0.035906	0.019001

地市	水平定位精度	高程定位精度
11	0.019264	0.027179
12	0.035408	0.013751
13	0.014433	0.015149

图 3-12 是根据表 3-8 的测试结果得到的各地市平均定位精度对比图，总体而言地市 1 的定位精度相对较低，主要原因是该市西北部大部分区域为 C 类区域，东部、西部大部分地区为 B 类区域，此外西北部的基准站密度相对较低，因此该地区的定位误差相对较大。

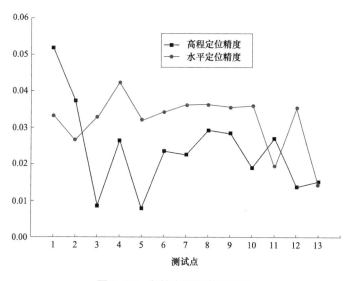

图 3-12　各地市平均定位精度

3. 不同位置区域定位测试结果

根据以上分析，整个范围内共有 A、B、C 三类区域，其中 A 内区域定位精度较高（平均为水平 0.032m、高程 0.036m），且定位结果相对稳定。B、C 两类区域定位精度平均值符合系统设计精度，但测试中发现定位结果的波动性较大。测试过程中选取了 20 余处典型测试点，对 B、C 类区域的定位精度进行的测试，选点位置如图 3-13 所示，测试结果如表 3-9 所示。

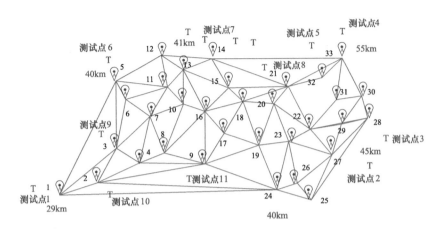

图 3-13　典型 B、C 类区域定位精度测试点

表 3-9　典型位置定位精度测试结果　　　　　单位：m

测试点	水平定位精度	高程定位精度
1	0.042988	0.031215
2	0.030509	0.076324
3	0.080005	0.142006
4	0.017019	0.03137
5	0.021509	0.022987
6	0.012711	0.009349
7	0.032811	0.051428
8	0.032923	0.013397
9	0.021734	0.026015
10	0.035632	0.0983
11	0.029355	0.051277

图 3-14 表明典型位置 3 所在的 C 类区域和典型位置 10 所在的 B 类区域出现的较大定位误差。误差的主要原因是 CORS 网格基线过长、离基准站距离较远。典型位置 4 虽然也是靠单基站定位，但测试过程中发现其定位精度极高，初步分析其原因是整个东南部的地面基准站密度较高且虚拟站与测试点相距仅 300m，而典型位置 3 测试点与虚拟站的距离达到了 4km。

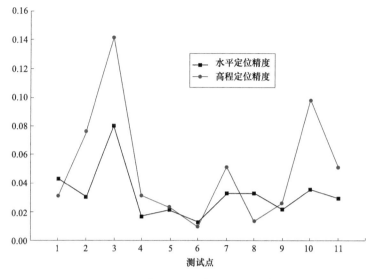

图 3-14　典型 B、C 类区域定位误差

4. 定位服务可靠性测试

本次电力北斗系统的定位可靠性测试主要针对地面基准站突发离线情况下的定位性能。地面基准站的离线会改变 CORS 网格区域的划分，从而影响同一位置的定位精度。本次测试发现以下规律：

（1）对于基线边较长的 C 类区域，如典型位置 10 的 CORS 网格区域，基准站离线可能造成原 CORS 网格解散或仍为 C 类区域。若 CORS 网格解散则部分区域将变成 B 类区域，该区域将通过单基站定位，定位精度随着与基准站距离的增加而降低，基准站 20km 范围内的定位精度甚至优于 CORS 网格正常状态。若基准站离线后仍为 C 类区域则定位精度会略有降低（基线边变得更长）。

（2）对于 B 类区域，附近基准站离线会导致系统获得固定解的时间增加，但是虚拟参考站的位置不变，因此定位精度变化不明显。

（3）对于 A 类区域，由于基准站较为密集，即使一个 CORS 网格的三个基准站全部离线，对 A 类区域的定位精度和固定解获得时间也不会有明显的影响。

3.4.5　测试结论

本次电力北斗系统服务范围与可靠性测试得出以下结论：

（1）电力北斗系统能够在全部范围内提供定位服务，绝大多数区域定位精度能够达到设计值（水平4cm、高程8cm）。

（2）全部范围地理边界的区域，电力北斗系统的定位精度受虚拟站位置的影响较大，建议通过优化虚拟参考站部署以提升定位精度。

（3）地面基准站离线会改变CORS网格形态，但虚拟站的位置不变，地面基准站短时离线对定位精度的影响不大，因此电力北斗系统的定位可靠性能够满足实际应用需求。

3.4.6　基准站增站优化

于2020年完成全部范围北斗地面基准站建设，通过基准站组网、定位测试及电力北斗系统试运行，电力北斗已具备向提供厘米级定位能力，但是在部分省界区域，存在定位结果稳定性差、定位响应时间过长的问题，在此类区域应用电力北斗终端会存在定位偏差大、定位慢甚至无法精确定位的现象。电力北斗系统CORS网形如图3-15所示。

由图3-15可以看出，东部、南部存在30~60km宽的边界区域位于电力北斗CORS网格之外，此外，在西部电力北斗CORS网格基线普遍较长（最长可达380km），远远超出北斗定位对基准站距离的要求，此类区域在定位测试过程中，表现出定位结果波动较大、定位精度低、定位慢的现象。为验证电力北斗系统在此类区域的定位服务性能，选取多个测试点进行实地测试，测试点位置选取为图3-15中带"#"的点，测试结果如表3-10所示。

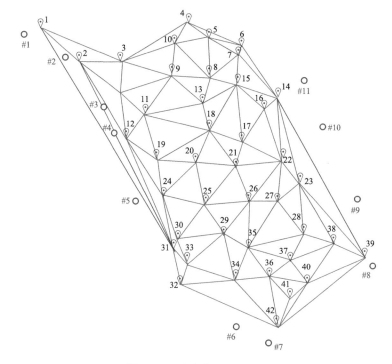

图 3-15　电力北斗 CORS 网

表 3-10　电力北斗定位服务薄弱区域测试结果

测试点	平均水平误差（m）	平均高程误差（m）	定位结果波动范围（m）		固定时间（s）	
			电力 CORS	测绘局 CORS	电力 CORS	测绘局 CORS
#1	0.03	0.06	ΔN=0.035 ΔE=0.016 ΔH=0.085	ΔN=0.001 ΔE=0.001 ΔH=0.034	12	8
#2	0.02	0.06	ΔN=0.012 ΔE=0.030 ΔH=0.043	ΔN=0.014 ΔE=0.011 ΔH=0.027	13	5
#3	0.02	0.05	ΔN=0.012 ΔE=0.017 ΔH=0.045	ΔN=0.010 ΔE=0.009 ΔH=0.030	9	8
#4	0.03	0.05	ΔN=0.012 ΔE=0.017 ΔH=0.045	ΔN=0.010 ΔE=0.009 ΔH=0.030	10	7
#5	0.02	0.06	ΔN=0.016 ΔE=0.018 ΔH=0.062	ΔN=0.007 ΔE=0.002 ΔH=0.017	9	8

续表

测试点	平均水平误差（m）	平均高程误差（m）	定位结果波动范围（m）		固定时间（s）	
			电力 CORS	测绘局 CORS	电力 CORS	测绘局 CORS
#6	0.03	0.07	ΔN=0.016 ΔE=0.015 ΔH=0.059	ΔN=0.007 ΔE=0.002 ΔH=0.017	19	5
#7	0.08	0.14	ΔN=0.016 ΔE=0.018 ΔH=0.058	ΔN=0.007 ΔE=0.008 ΔH=0.020	12	4
#8	0.03	0.05	ΔN=0.020 ΔE=0.016 ΔH=0.043	ΔN=0.009 ΔE=0.011 ΔH=0.027	9	5
#9	0.03	0.02	ΔN=0.016 ΔE=0.018 ΔH=0.057	ΔN=0.012 ΔE=0.013 ΔH=0.032	16	4
#10	0.04	0.03	ΔN=0.012 ΔE=0.014 ΔH=0.061	ΔN=0.009 ΔE=0.012 ΔH=0.026	7	4
#11	0.04	0.03	ΔN=0.013 ΔE=0.015 ΔH=0.052	ΔN=0.007 ΔE=0.008 ΔH=0.034	12	3

　　从表 3-10 的测试结果可以看出，在电力北斗定位服务薄弱区域，电力北斗系统的定位误差平均值满足设计要求，仅在南部地区（#7 测试点）出现偏差超标的现象，但是此类区域普遍存在定位结果偏差较大的情况，即定位结果波动范围较大，在此类区域电力北斗系统的定位可靠性较差，和测绘局 CORS 系统存在一定差距（电力北斗基准站覆盖良好的区域 2 个系统定位精准水平相当）。考虑到测试范围内电网密集、东部海岸海上风电规模较大，对于北斗精准定位服务的需求强烈且要求较高，因此有必要在电力北斗定位服务薄弱区域增加北斗地面基准站以提升电力北斗系统在该区域的定位服务性能。

　　为进一步提高电力北斗系统的定位性能，按照经济、可靠、高效的部署原则，建议在地市 2、地市 6、地市 9、地市 11、地市 12 等地区增加 6 座地面基准站，以优化电力北斗系统定位服务性能。

　　6 座增补基准站的位置与现有 CORS 网格的位置关系见图 3-16，从图中可以看出新增的6座基准站能够对现有的电力北斗 CORS 网薄弱区域进行增强。

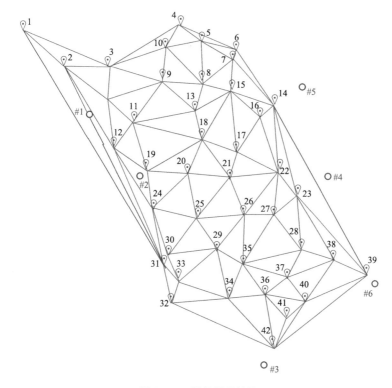

图 3-16　增补基准站位置

根据图 3-16 中新增 6 个基准站的方案进行了 CORS 网形评估，全局构网后共得到 110 条基线边，其边长统计情况见表 3-11，新增站点后的 CORS 网形如图 3-17 所示。

表 3-11　基线统计表

基线长度 （km）	基线条数及百分比				基线总条数及平均边长（km）	
	增站前 基线条数	百分比	增站后 基线条数	百分比	增站前	增站后
<50	23	25%	29	26%	91 条平均长度 为 79.2	112 条平均长度 为 67.7
50~100	55	60%	74	66%		
100~200	9	10%	8	7%		
>200	4	5%	1	1%		

由统计结果可见：

（1）增站后相邻基站的平均长度减小 11.5km，200km 以上的超长基线数量大幅减少，92% 的相邻基线边长度在 100km 以内，整体网型分布均匀。

（2）增站后仍有部分区域位于 CORS 网之外，但所占比例不到 5%，且此类区域附近 60km 内至少有 2 座基准站，能够满足精确定位的要求。

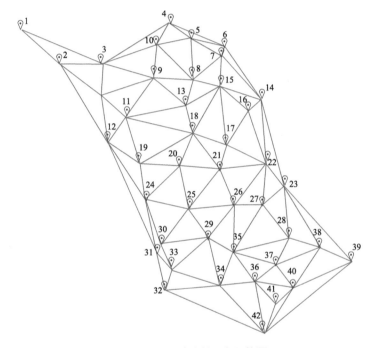

图 3-17　变电站三角网格图

3.5 平台可靠性测试

3.5.1 测试对象

电力北斗服务平台（即"北斗卫星应用综合服务平台 V1.0"）是电

力北斗系统的重要组成部分，可以向电力北斗终端提供解算服务和播发服务，实现终端设备高精度定位。

3.5.2 测试目的

测试电力北斗服务平台的各项功能、运行稳定性和兼容性，以验证其提供播发服务和后解算服务的稳定性和可靠性，确保系统上线后能够平稳运行提供高质量的北斗服务。

3.5.3 测试方法

1. 功能测试

测试电力北斗服务平台 139 项功能是否正常。电力北斗服务平台功能测试项目见表 3-12。

表 3-12　电力北斗服务平台功能测试项目

测试项	子测试项	测试对象
功能	①适合性； ②准确性； ③互操作性	①基准站数据管理； ②设备数据管理； ③基线解算； ④任务管理； ⑤规范手册管理

2. 性能测试

测试电力北斗服务平台的并发服务能力，通过模拟终端程序实施 3000 和 5000 并发压力，测试服务器解算播发的连续性及成功率，评估系统运行错误率和稳定性。

3. 兼容性测试

测试不同操作系统、不同浏览器访问电力北斗服务平台的可用性和稳定性，验证各项功能运行是否正常。

3.5.4 测试结果

1. 平台性能及稳定性测试

电力北斗服务平台共有 139 个功能点，覆盖北斗平台在用全部功能范围测试通过 135 个，阻塞 3 个，不通过 1 个，不通过用例为作业任务管理新增异常；平台支持 30000 终端同时连接，平台在 5000 并发下服务器解算播发正常，系统测试期间无错误产生，且能够稳定运行 48h。

2. 测试过程存在问题

电力北斗平台分别在 2000、3000、5000 的并发下，使用高精度 RTK 设备在测试平台内外网定位精度，存在以下问题：

（1）北斗基准站掉线或观测数据异常。电科院在进行测试时发现部分区域无法精确定位，思极公司回应称"有基准站掉线，观测数据异常"。后来对基准站软件和北斗平台进行升级后恢复正常。随着并发数的增加，在外网服务测试中，水平误差基本一致，高程误差增加最高可达 7cm，但仍符合设计指标；内网测试中水平和高程定位结果波动增大。

（2）基准站离线问题。测试过程发现内外网高精度 RTK 设备定位无法达到固定解，距离该地点最近的基准站直线距离约为 6km，且北斗平台后台显示该站一直为在线状态，此外，因护网或者地市信通误封基准站端口，导致基准站离线情况也多次发生。后经过多次沟通基准通信网恢复正常且保持稳定。

（3）北斗平台可以登录但终端收不到差分数据。该现象共发现 3 次，思极公司称原因为"服务器磁盘过满导致服务不可用"，后平台侧清理磁盘后服务恢复正常。

（4）终端可以正常登录并获取差分数据，但获取固定解很慢。该现象发生于 2021 年 3 月，电力北斗外网服务器迁移期间电力北斗系统做了升级，思极公司称是因为某个测试账号多地登录导致，后来更新账号管理机制并回退系统版本，恢复正常。

（5）边界区域定位结果波动大、固定时间长。在东部、西部、南部靠近省界区域，定位结果波动性大幅增加，最大水平波动范围可达 4.3cm，最大高程波动范围可达 8.5cm，定位精度误差偏高超出设计值 30%，固定时间超过 80s，该问题需要通过增加地面基准站并优化网形解决。

3.6 终端测试

目前，北斗终端调试工作主要包括电科院自研设备和两家主流巡检无人机设备，测试情况如下：

（1）电科院研制的北斗型 4GCPE 接入测试：电科院自研设备的 RTK 模块为和芯星通 UM4B0（国产最新型号、支持北斗三代卫星、自带惯导模块），经长期连续测试，该设备在电力北斗内外网服务下测试一切正常。

（2）使用傲翼无人机接入调试：该设备采用单片机系统进行控制，RTK 芯片为诺瓦泰 718D（国外主流产品、支持北斗三代卫星），调试中发现电力北斗系统播发的星历数据会引发无人机短时间掉线，最后更换差分数据源节点为 RTCM32（不含星历数据）的方式解决。

（3）使用大疆无人机接入调试：本次接入调试的大疆无人机为省内存量的精灵 4 和 M210 两款巡检无人机，在接入电力北斗平台时出现无法获取固定解、固定之后无法保持等现象，经过大量测试排查发现大疆无人机不能稳定连接电力北斗差分服务的原因为：软硬件系统兼容性差、差分数据解析效率过低。

具体分析如下：大疆无人机采用的 RTK 芯片为和芯星通早期版本，不支持北斗三代卫星，不能解析超过 32 星及以上差分数据，经测试发现无人机对差分数据的处理能力小于 700Byte。而电力北斗平台能够接收卫星三频信号、支持北斗三代卫星，且播发差分数据的同时会播

发星历数据、基准站数据，因此电力北斗平台播发的差分数据量较大
（平均为 1.2kByte），导致无人机收到的数据中有效差分数据占比较低，
超出无人机的处理能力。无人机 25s 内获取不到差分数据便主动与平台
断开连接。无人机连接电力北斗差分定位服务数据链路如图 3-18 所示。

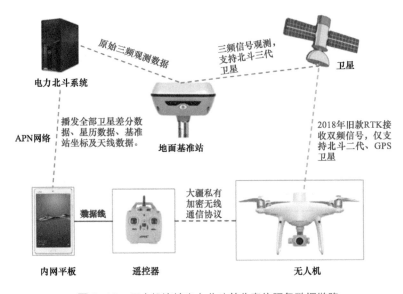

图 3-18　无人机连接电力北斗差分定位服务数据链路

解决方法：为解决无人机的连接不稳定问题，在电力北斗平台侧
分配了新的差分数据播发源节点 RTCM32_GB，仅向无人机提供北斗和
GPS 卫星差分数据。经过多地点、多时段的稳定性测试，无人机均能
可靠工作，采用新的源节点后无人机在电力北斗系统下的工作稳定性与
千寻系统相当。

经过前期的系统检测与终端接入调试工作，电力北斗系统运行稳定
性逐步提升，具备生产应用基础，省内多型号巡检无人机等设备均已完
成接入调试，具备在内网环境下高效作业的基础，电力北斗系统推广应
用工作可以全面开展。为保障电力北斗系统的长期稳定运行，提出以下
建议：

（1）北斗平台功能方面。

1）建议1：增加无人机专用差分数据专用源节点，为无人机提供高效的差分数据。当前电力北斗系统各源节点情况见表3-13。

表3-13　电力北斗系统各源节点情况

源节点名称	卫星系统	是否带星历	数据包大小	服务类型	信息类型
RTCM33	BDS GPS GLO	是	> 600Byte	RTK	MSM4
RTCM24	BDS GPS GLO	否	> 600Byte	RTD	MSM5
RTCM32	BDS GPS GLO	否	> 700Byte	RTK	MSM5
RTCM32_GB	BDS GPS	是	> 500Byte	RTK	MSM4
RTCM33_A	BDS GPS GLO	否	> 600Byte	RTK	MSM4

注：星历数据包较大，大于2kByte且5min播发一次。

2）建议2：优化地面基准站网，在边界地区增加基准站，更新基准站组网规则，减少长基线网格。

3）建议3：加快电力北斗平台后解算服务的部署与应用，完善后解算定位服务功能并开通Web服务接口，实现非定期采集数据的定位结果处理，确保系统后解算定位精度和终端检测工作顺利开展。

4）建议4：增加电力北斗终端管理功能，北斗平台的终端管理功能缺失，无法记录一段时间内终端的使用位置信息和账号的使用记录。

（2）电力北斗运营机制方面。

1）建议1：建议在范围内多个地点部署RTK服务监测终端，对电力北斗系统的差分数据服务进行长期监测，以验证电力北斗系统的稳定性、可用性。

2）建议2：对于新型北斗终端设备，在投入应用前进行入网检测，结合其应用特点确定与其适配的源节点，并检测终端的实际定位精度，保证响应速度与业务需求相符。

3）建议3：加大对电力北斗平台的测试工作，不定期开展平台压力测试，确保终端规模不断增加后的服务稳定性，评估不同源节点、多场景业务应用下的可靠性和服务稳定性。

4）建议 4：完善电力北斗服务运营机制，开通电力北斗服务账号申请网络通道，并给出北斗平台接入手册，方便各单位加快业务应用。

3.7 北斗系统指标体系和服务精度

《北斗卫星导航系统公开服务性能规范（3.0 版）》定义了北斗系统的空间信号性能指标体系和服务性能指标体系。

3.7.1 北斗系统的空间信号性能指标体系

1. 空间信号覆盖范围

RNSS 服务空间信号覆盖范围用单星覆盖范围表示。单星覆盖范围是指从卫星轨道位置可见的地球表面及其向空中扩展 1000km 高度的近地区域。

2. 空间信号连续性

空间信号连续性是指一个"健康"状态的公开服务空间信号能在规定时间段内不发生非计划中断而持续工作的概率。

信号中断是指北斗卫星不能播发状态为"健康"的空间信号，包括卫星不播发信号、播发非标准码，或信号状态为"不健康"或"边缘"。

信号中断包括计划中断和非计划中断。计划中断是指在卫星信号预计将不符合《北斗卫星导航系统公开服务性能规范（3.0 版）》的性能时，提前发出通知的卫星信号中断。非计划中断是指计划中断之外的由系统故障或维修事件等造成的卫星信号中断。

中断信息发布时间是指北斗卫星信号中断信息在计划中断之前或非计划中断之后发出通知的时间间隔。提前发出通知的计划中断不会影响连续性。非计划中断应在中断发生后尽快发出通知。

3. 空间信号可用性

空间信号可用性是指北斗系统标称空间星座中规定的轨道位置上的卫星提供"健康"状态的空间信号的概率。空间信号可用性分为单星可用性和星座可用性。

单星可用性是指北斗三号标称空间星座中某一个规定轨道的卫星提供"健康"状态的空间信号的概率。

星座可用性是指在北斗三号标称空间星座中规定轨道、规定数量的卫星提供"健康"状态空间信号的概率。

每个空间信号具有单独的单星可用性和星座可用性。

3.7.2 北斗系统的服务性能指标体系

1. 用户使用条件

RNSS 服务性能指标是基于如下用户使用条件提出的：

（1）用户接收机符合相关北斗系统空间信号接口控制文件的技术要求，用户接收机可以跟踪和正确处理公开服务信号，进行定位导航或授时解算。

（2）信号和服务信息的时间采用 BDT，坐标系采用 BDCS。

（3）仅考虑与空间段和地面控制段相关的误差，包括卫星轨道误差、卫星钟差和 TGD 误差。

（4）双频用户采用载波或伪距的无电离层组合方式减少电离层延迟影响。

（5）需要使用最新的、"健康"状态的空间信号和导航电文。

2. 服务精度

服务精度包括定位精度、测速精度和授时精度。

定位精度是指用户使用公开服务信号确定的位置与其真实位置之差的统计值，包括水平定位精度和垂直定位精度。

测速精度是指用户使用公开服务信号确定的速度与其真实速度之差

的统计值。

授时精度是指用户使用公开服务信号确定的时间与 BDT 之差的统计值。

3. 服务可用性

服务可用性是指可服务时间与期望服务时间之比。可服务时间是指在给定区域内服务指标满足规定性能标准的时间。服务可用性包括位置精度衰减因子可用性和定位服务可用性。

位置精度衰减因子可用性是指规定时间内、规定条件下，满足限值要求的时间百分比。

定位服务可用性是指规定时间内、规定条件下，水平和垂直定位误差满足精度限值要求的时间百分比。

4. 兼容与互操作

北斗系统可与其他全球卫星导航系统（GNSS）实现兼容与互操作。

（1）北斗系统使用的无线电频率符合国际电信联盟公约并受其保护。北斗与其他 GNSS 不产生有害干扰，可实现射频兼容。

（2）用户通过联合使用北斗和其他 GNSS 的公开服务信号，能享有更好的服务性能而不显著增加复杂性和用户成本，北斗与其他 GNSS 可实现互操作。

（3）北斗时溯源于协调世界时，并在导航电文中播发北斗系统与其他 GNSS 的时差信息。

（4）北斗坐标系与 ITRF 保持一致。

附录　中文名称与英文缩写对照表

英文缩写	中文名称	英文全称
APN	接入点	Access Point Name
BDS	北斗卫星导航系统	BeiDou Navigation Satellite System
BDT	北斗时	BeiDou time
BER	误比特率	Bit Error Rate
BOC	二进制偏移载波	Binary-Offset-Carrier
CDMA	码分多址	Code Division Multiple Access
CORS	连续观测站	Continuously Operating Reference Stations
CS	商业服务	Commercial Service
DPMU	高精度微型同步相量测量装置	Distribution-level Phasor Measurement Unit
ECEF	地球固连的地心地固	Earth Centered Earth Fixed
EIRP	等效全向辐射功率	Equivalent Isotropically Radiated Power
FDR	频率干扰记录仪	Frequency Disturbance Recorderx
FNET	频率监测网络	Frequency Monitoring Network
FPGA	现场可编程逻辑门阵列	Field Programmable Gate Array
GEO	地球同步轨道	Geosynchronous orbit
GIS	地理信息系统	Geographic Information System
GNSS	全球导航卫星系统	Global Navigation Satellite System
GPRS	通用分组无线服务	General Packet Radio Service
GPS	全球定位系统	Global Positioning System
HVDC	特高压直流	High Voltage Direct Current
ICAO	国际民航组织	International Civil Aviation Organization
IGSO	倾斜地球同步轨道	Inclined GeoSynchronous Orbit
IRNSS	印度区域导航卫星系统	Indian Regional Navigation Satellite System
MBOC	多工二进制偏差载波调制	Mulitplexed Binary Offset Carrier
MEO	中轨道地球卫星	Medium Orbit earth satellite
MSM	多信号电文组	Multiple Signal Messages
NTP	互联网网络时间协议	Network Time Protocol
PCU	分组控制单元	Packet Control Unit
PMU	同步相量测量装置	Phasor Measurement Unit

英文缩写	中文名称	英文全称
PPK	事后解算定位服务	Post Processing kinematic
PPS	精确定位服务	Precise Positioning Service
PRS	公共特许服务	Public Permission Service
PTP	精确时间协议	Precision Time Protocol
QMBOC	正交复用二进制偏移载波调制	Quadrature Multiplexed Binary Offset Carrier
QPSK	四相移相键控	Quadrature Phase Shift Keying
QZSS	准天顶卫星系统	Quasi-Zenith Satellite System
RDSS	卫星无线电测定业务	Radio determination satel-lite system
RTK	实时动态测量	Real-Time Kinematic
SARs	标准和推荐条款	Standards And Recommendations
SCADA	数据采集和监控	Supervisory Control And Data Acquisition
SDH	同步数字体系	Synchronous Digital Hierarchy
SNTP	简单网络时间协议	Simple Network Time Protocol
SOE	事件顺序记录	Sequence of Event
SoLS	生命安全服务	Service of Life safety
SPDNET	国家电力数据网	State Power Data Network
SPS	标准定位服务	Standard Positioning Service
TT&C	遥控、遥测和指令	Telemetry，Tracking，and Command
UTC	世界协调时间	Universal Time Coordinated
UWB	超宽频带定位技术	Ultra Wide Band
VRS	虚拟参考站	Virtual Reference Station
WAMS	广域相量测量系统	Wide Area Measurement System

参考文献

[1]   姜彤，艾琳，杨以涵 . 北斗导航系统及其在电力系统中的应用 [J].
       华东电力，2009(4):4.

[2]   杨红静 . 电力系统中基于北斗卫星导航系统的应用 [J]. 无线互联科
       技，2013(4):2.

[3]   匡雪峰 . 北斗导航定位技术及其在电力系统中的应用 [J]. 现代工业
       经济和信息化，2021, 11(10):2.

[4]   周兵 . 北斗卫星导航系统发展现状与建设构想 [J]. 无线电工程，
       2016, 465(4):4.

[5]   张辉，焦诚，白龙 . 北斗卫星导航系统建设和应用现状 [J]. 电子技
       术与软件工程，2015(11):4.

[6]   李博，方彤 . 北斗卫星导航系统（BDS）在智能电网的应用与展望
       [J]. 中国电力，2020, 53(8):10.

[7]   吕雅婧，滕玲，邢亚，等 . 北斗卫星导航系统在电力行业的应用
       现状 [J]. 电力信息与通信技术，2019, 17(8):5.

[8]   皮亦鸣，曹宗杰，闵锐 . 卫星导航原理与系统 [M]. 四川电子科技
       大学出版社，2011.

[9]   谢军，王海红，李鹏，蒙艳松 . 卫星导航技术 [M]. 北京：北京理
       工大学出版社，2018.

[10]   谢军 . 卫星导航技术 [M]. 北京：北京理工大学出版社，2018.

[11]   田建波，陈钢 . 北斗导航定位技术及其应用 [M]. 北京：中国地质
       大学出版社，2017.

[12]   何若风 . 中美卫星导航系统发展史比较研究 [D]. 长沙：国防科学
       技术大学，2016.

[13]   庞之浩，王东 . 艰苦卓绝的"北斗"发展历程 [J]. 国际太空，
       2020(08):13-18.

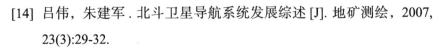

[14] 吕伟，朱建军．北斗卫星导航系统发展综述 [J]. 地矿测绘，2007，23(3):29-32.

[15] 承轶青，孙凌卿，傅启明．北斗短报文通信技术在电力系统的应用 [J]. 电子世界，2018(19):2.

[16] 谢芝东，赵二保，温全，等．北斗短报文通信技术在电力系统的应用 [J]. 农村电气化，2017(3):3.

[17] 吴海涛，等．北斗授时技术及应用 [M]. 北京：电子工业出版社，2016.

[18] 王浩成，完颜绍澎，于佳．北斗卫星系统在电力行业中的应用研究 [J]. 山东电力技术，2021，48(7):8-12.

[19] 穆晓辰，周学坤，王常欣，李常勇，张冲，武健．基于北斗及 GPS 双系统的电力杆塔滑移监测系统研究 [J]. 电力信息与通信技术，2019，17(6):44-50.

[20] 周文婷，王涛，袁鸣峰，王立福，陈玉卿，夏娜．基于北斗短报文通信的用电信息采集系统的研制 [J]. 电力自动化设备，2017，37(12):211-217.

[21] 凌晓波，涂崎，方国盛．基于北斗的电力系统时间同步安全技术研究 [J]. 自动化与仪器仪表，2018(5):84-88.

[22] 薛安成，罗旷，徐飞阳，徐劲松．北斗在新能源电力系统的应用 [J]. 卫星应用，2019(7):28-34.

[23] 汪洋，赵宏波，刘春梅，陈喆，滕玲，卢利峰．北斗卫星同步系统在电力系统中的应用 [J]. 电力系统通信，2011，32(1):54-57.

[24] 孟宪楠，赵毓鹏，袁建凡，周维岳，田传波．北斗导航系统在配电网中的应用研究 [J]. 供用电，2016，33(11):22-26.

[25] PHADKE A G, THROP J S. Synchronized phasor meas-urements and their applications[M]. New York:Springer, 2008.

[26] Ree J D L, V Centeno, Phadke A G. Synchronized phasor measurement applications in power systems[J]. IEEE Trans. Smart Grid, 2010, 1 (1):

20-27.

[27] PHADKE A G, T S BI. Phasor measurement units, WAMS, and their applications in protection and control of power systems[J]. Journal of Modern Power Systems and Clean Energy, 2018, 6(4): 619-629.

[28] Panteli M, Kirschen D S. Enhancing situation awareness in power system control centers[C]// 2013 IEEE International Multi-Disciplinary Conference on Cognitive Methods in Situation Awareness and Decision Support (CogSIMA), IEEE, 2013: 254-261.

[29] 王守相，梁栋，葛磊蛟 . 智能配电网态势感知和态势利导关键技术 [J]. 电力系统自动化，2016, 40(12):2-8.

[30] 王晓辉，陈乃仕，李烨，王存平，汪旭，蒲天骄 . 基于态势联动的主动配电网多源优化调度框架 [J]. 电网技术，2017, 41(2):349-354.